U0872288

AP1000 核电厂
常规岛系统初级运行

主　编　缪亚民
副主编　章金平　陈伦寿　吴元明

中国原子能出版传媒有限公司

图书在版编目(CIP)数据

AP1000核电厂常规岛系统初级运行/缪亚民主编.
—北京:中国原子能出版传媒有限公司,2011.7
ISBN 978-7-5022-5172-7

Ⅰ.①A… Ⅱ.①缪… Ⅲ.①核电厂—电力系统运行
Ⅳ.①TM623.7

中国版本图书馆CIP数据核字(2011)第031103号

内 容 简 介

本书主要依据三菱提交的相关技术文件并参考《电站系统与通用设备》编写而成。书中图文并茂,内容覆盖面广,文字通俗易懂,是一套适用性、针对性较强的技术培训读本。本书主要用作AP1000核电厂运行值班员和二回路专业工程师的自学和理论培训,也可作为其他工程技术人员的参考书籍。

AP1000核电厂常规岛系统初级运行

出版发行 中国原子能出版传媒有限公司(北京市海淀区阜成路43号 100048)
责任编辑 孙凤春
技术编辑 丁怀兰 王亚翠
责任印制 潘玉玲
印 刷 保定市中画美凯印刷有限公司
经 销 全国新华书店
开 本 787 mm×1092 mm 1/16
印 张 10 **字 数** 250千字
版 次 2011年9月第1版 2011年9月第1次印刷
书 号 ISBN 978-7-5022-5172-7 **定 价** **50.00元**

网址:http://www.aep.com.cn **E-mail:atomep123@126.com**
发行电话:010-68452845

《AP1000核电厂常规岛系统初级运行》
编　辑　部

主　　编　缪亚民

副 主 编　章金平　陈伦寿　吴元明

编　　写　王吉华

校　　对　钟建兵　宋慧斌　罗小华　闫中华　叶道全

统　　审　高平校　周　宇

总　序

核工业作为国家高科技战略性产业，是国家安全的重要基石、重要的清洁能源供应，以及综合国力和大国地位的重要标志。

1978年以来，我国核工业第二次创业。中国核工业集团公司走出了一条以我为主发展民族核电的成功道路。在长期的核电设计、建造、运行和管理过程中，积累了丰富的实践和理论经验，在与国际同行合作过程中，实现了技术和管理与国际先进水平相接轨，取得了骄人的业绩。

中国核工业集团公司在三十多年的核电建设中，经历了起步、小批量建设、快速发展三个阶段。我国先后建成了秦山、大亚湾、田湾三大核电基地，实现了我国大陆核电“零”的突破、国产化的重大跨越、核电管理与国际接轨，走出了一条以我为主，发展民族核电的成功之路。在最近几年中，发展尤为迅猛。截至2008年底，核电运行机组11台，装机容量907.82万千瓦，全部稳定运行，态势良好。

进入新世纪，党中央、国务院和中央军委对核工业发展高度重视、极为关怀，对核工业做出了新的战略决策。胡锦涛总书记指出：“无论从促进经济社会发展看，还是从保障国家安全看，我们都必须切实把我国核事业发展好”。发展核电是优化能源结构、保障能源安全、满足经济社会发展需求的重要途径。2007年10月，国务院正式颁布了《核电中长期发展规划(2005—2020年)》。核电进入了快速、规模化、跨越式发展的新阶段。

在中国核电大发展之际，中国核工业集团公司继续以“核安全是核工业的生命线”的核安全文化理念和“透明、坦诚和开放”的企业管理心态，以推动核电又好又快又安全发展为己任，为加速培养核电发展所需的各类人才，组织核电领域专家，全面系统地对核电设计、工程建造、电站调试、生产准备和生产运营等各阶段的知识进行了梳理，构造了有逻辑性、系统性的核电知识体系，形成了覆盖核电各阶段的核电工程培训系列教材。

这套教材作为培养核电人才的重要工具，是国内目前第一套专业化、体系化、公开出版的核电人才培养系列教材，有助于开展培训工作，提高培训质量、节约培训成本，夯实核电发展基础。它集中了全集团的优势，突出高起点、实用性强，是集团化、专业化运作的又一次实践，是中国核工业50余年知识管理的积淀，是中国核工业10万人多年总结和实践经验的结晶。

21世纪是“以人为本”的知识经济时代，拥有足够的优秀人才是企业持续发展的重要基础。中国核工业集团公司愿以这套教材为核电发展开路，为业界理论探讨、实践交流提供参考。

我们要继续以科学发展观为指导，认真贯彻落实党中央、国务院的指示精神，积极推进核电产业发展。特别是要把总结核电建设经验作为一项长期的工作来抓，不断更新和完善人才教育培训体系。

核电培训系列教材可广泛用于核电厂人员培训，也可用于核电管理者的学习工具书，对于有针对性地解决核电厂生产实践和管理问题具有重要的参考价值。

中国核工业集团公司总经理 孙勤

2009年9月9日

前　言

为了贯彻三门核电有限公司“育才·成才”的战略方针，适应三门核电AP1000工程建设的进展，满足公司人员培训学习的需求，在继《AP1000核电厂系统与设备》编写完成之后，公司组织编写了又一关于系统方面的培训教材。本套丛书分为四本，分别为《AP1000核电厂核岛系统初级运行》、《AP1000核电厂常规岛系统初级运行》,《AP1000核电厂电气系统初级运行》和《AP1000核电厂外围系统初级运行》(下文分别简称为《核岛篇》、《常规岛篇》、《电气篇》和《外围篇》)。

丛书主要依据AP1000相关技术文件并参考《AP1000核电厂系统与设备》编写而成。丛书图文并茂，覆盖面广，文字通俗易懂，是一套适用性、针对性较强的技术培训读本。本丛书主要用作AP1000电站运行值班员和专业工程师的自学和理论培训读本，也可作为其他工程技术人员的参考书。

《核岛篇》主要介绍了一回路及其辅助系统、专设安全设施、HVAC和放射性废物处理系统。《常规岛篇》主要介绍了二回路水汽循环、汽轮发电机辅助系统和常规岛辅助系统。《电气篇》主要介绍了厂内外电源系统、主发电系统和电气其他系统，最后并阐述了主泵变频器和厂用电切换等专题。《外围篇》主要介绍了厂址废物处理设施(SRTF)、海水淡化和除盐水制备及分配等水处理系统、辅助蒸汽供应和电厂气体等电厂其他支持系统的相关知识。

在丛书的编制过程中，公司领导给予了极大的关注，04级和05级预备操纵员也对丛书提出了许多宝贵的建议，在此一并表示感谢。这套丛书在编写的体系和内容组织方面作了一些新的尝试，加之时间仓促和编者水平有限，书中难免有缺点和不妥之处，恳请读者批评指正。

编　者

2010年6月

目　　录

第一章　常规岛简介

第二章　常规岛蒸汽部分

第三章 常规岛给水部分

第四章 汽轮机及汽轮发电机辅助系统

第一章 常规岛简介

1.1 概 述

1.1.1 引言

核电厂的常规岛一般指汽轮机回路及其辅助系统，也称二回路。汽轮机回路的主要设备有汽轮发电机、凝汽器、凝结水泵和高压加热器等，它们与核岛的蒸汽发生器组成封闭的汽水循环回路。进入蒸汽发生器二次侧的给水在蒸汽发生器内吸收热量变成高压饱和蒸汽，然后进入高压缸做功，高压缸排汽在汽水分离再热器中进行汽水分离和再热后变成过热蒸汽，之后进入低压缸做功，由于蒸汽的做功从而驱动汽轮发电机组发电。做功后的乏汽在凝汽器内冷凝成水，凝结水由凝结水泵输送，经低压给水加热器进入除氧器，除氧后的水由给水泵加压后送入高压给水加热器，之后返回蒸汽发生器，如此形成热力循环。

图 1-1-1 主要描绘出了常规岛的各个主要系统，图 1-1-2 给出了常规岛流程的一个简图，侧重于对蒸汽、抽汽、给水和疏水的描述。

1.1.2 能量的转换

蒸汽在汽轮机内膨胀做功，推动汽轮发电机转子高速旋转，实现了热能向机械能的转变，通过励磁回路给发电机转子回路加入励磁发出电，实现了转子的机械能向电能的转变。通过对发电机励磁和汽轮机主调阀和再热调阀的调节可以实现对电功率、电压和频率以及汽轮机转速的控制。

1.1.3 常规岛的主要系统

(1) 蒸汽系统：如蒸汽发生器系统(SGS)、主蒸汽系统(MSS)、汽水分离再热器系统(SRS)、汽轮机抽汽系统(TES)、汽轮机旁路排放系统(TBS)等；

(2) 给水系统：如凝结水系统(CDS)、主给水和启动给水系统(FWS)、凝结水精处理系统(CPS)、加热器疏水和排气系统(HDS)等；

(3) 汽轮机及其辅助系统：如主汽轮机系统(MTS)、汽轮发电机组润滑油系统(LOS)、汽轮机 EH 油系统(LHS)、汽轮机轴封系统(GSS)、凝汽器抽真空系统(CMS)等；

(4) 主发电机及其辅助系统：如主发电系统(ZAS)、励磁和电压调节系统(ZVS)、发电机定子冷却水系统(CGS)、氢气密封油系统(HSS)、发电机氢气和 CO_2 系统(HCS)等；

(5) 常规岛的辅助系统：循环水系统(CWS)、汽轮机房闭式冷却水系统(TCS)、开式循环冷却水系统(OWS)、常规岛化学加药系统(CFS)、二回路取样系统(SSS)、压缩空气和仪表空气系统(CAS)等。

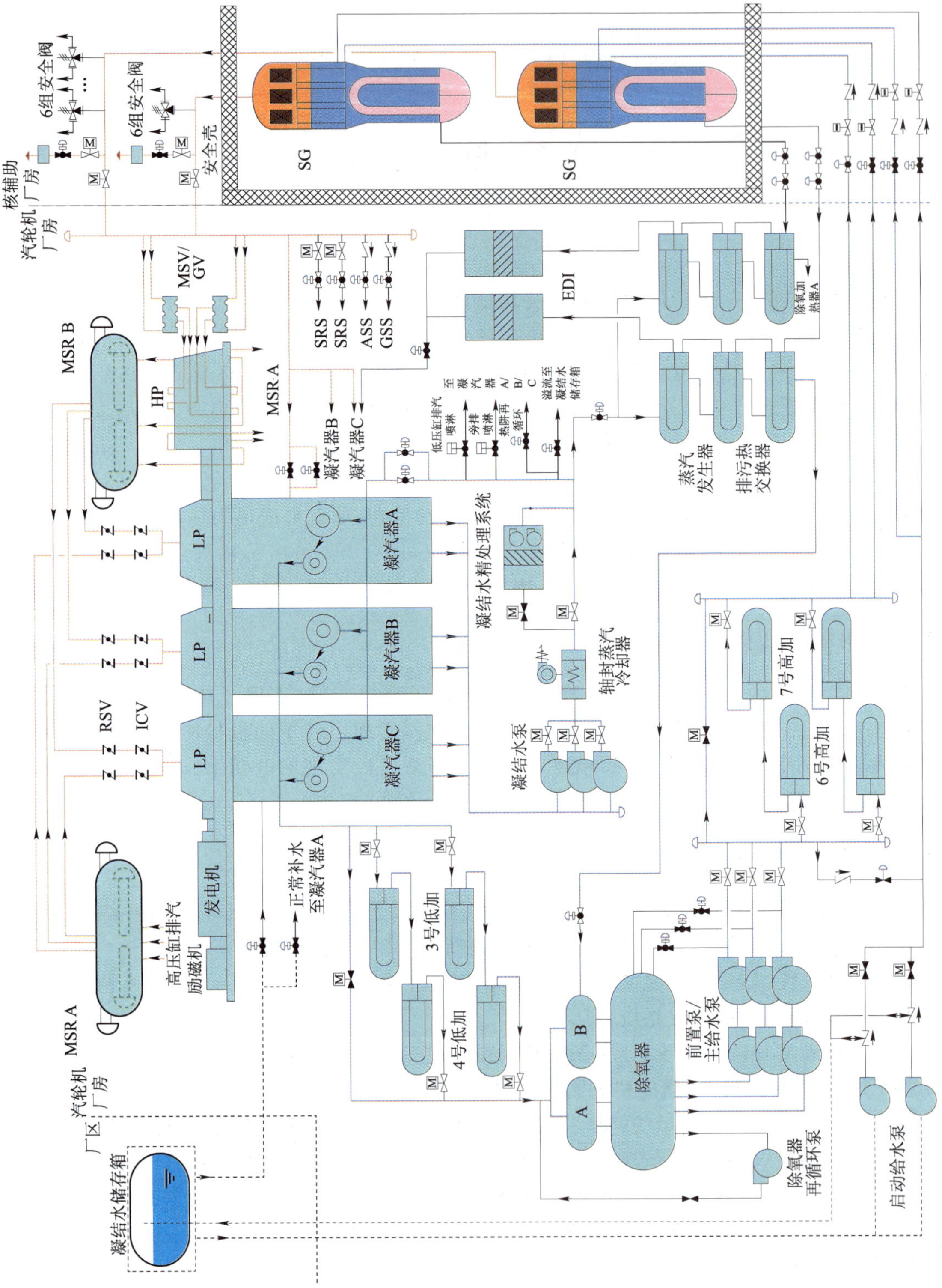

图 1-1-1 常规岛系统简图

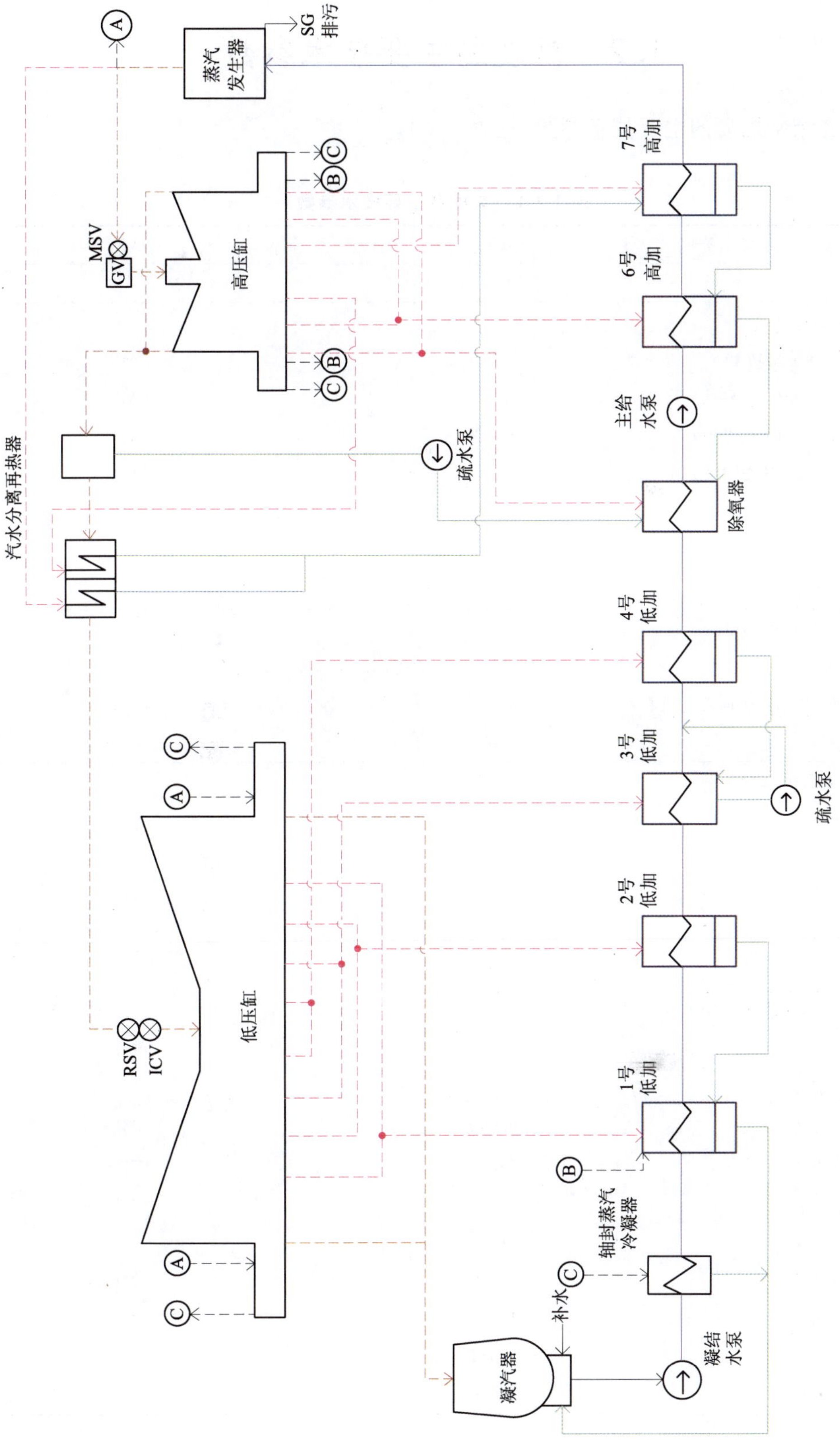

图 1-1-2 常规岛流程简图

1.2 常规岛主要技术参数

本节介绍常规岛的主要技术参数，见表 1-2-1。

表 1-2-1 常规岛主要技术参数

参数名称	数值	单位
额定工况		
1.0 主蒸汽系统(MSS)		
最大保证净输出功率	1 251	MW
蒸汽压力(NI/CI 交界处)	5.53	MPa(a)
蒸汽温度(NI/CI 交界处)	270.3	℃
蒸汽湿度(NI/CI 交界处)	0.36	%
蒸汽流量	1 889	kg/s
设计背压	4.4	kPa(a)
高压缸蒸汽流量	1 834	kg/s
2.0 主汽轮机系统(MTS)		
汽轮机形式	单轴、四缸六排汽的反动凝汽式汽轮机	
旋转方向(从汽轮机向发电机看)	顺时针	
额定转速	1 500	r/min
3.0 主发电系统(ZAS)		
额定容量	1 407	MVA
功率因数	0.9	
频率	50	Hz
额定电压	24	kV
额定电流	33 847	A
4.0 汽轮机抽汽系统(TES)		
1 号抽汽压力	0.032 5	MPa(a)
1 号抽汽温度	71	℃
2 号抽汽压力	0.060 9	MPa(a)
2 号抽汽温度	86.3	℃
3 号抽汽压力	0.163	MPa(a)
3 号抽汽温度	113.9	℃
4 号抽汽压力	0.370	MPa(a)
4 号抽汽温度	161.6	℃
5 号抽汽压力	0.981	MPa(a)
5 号抽汽温度	179.0	℃

续表

参数名称	数值	单位
额定工况		
6 号抽汽压力	1.73	MPa(a)
6 号抽汽温度	205.1	℃
7 号抽汽压力	2.85	MPa(a)
7 号抽汽温度	231.1	℃
5.0　凝结水系统(CDS)		
凝汽器压力	4.4	kPa(a)
凝汽器出口凝结水温	30.6	℃
凝结水流量	4 080 123	kg/h
1 号低加入口水温	31.5	℃
2 号低加入口水温	67.0	℃
3 号低加入口水温	82.2	℃
4 号低加入口水温	110.6	℃
除氧器入口水温	137.2	℃
凝汽器数量	3	台/Unit
循环水水源	海水	
循环水入口温度范围	4.6～33	℃
循环水设计温度	20	℃
管束循环水平均流速	≤2.4	m/s
1 号低加数量	3	台/Unit
2 号低加数量	3	台/Unit
3 号低加数量	2	台/Unit
4 号低加数量	2	台/Unit
凝结水泵数量	50%×3	台/Unit
净凝结水泵数量	50%×2	台/Unit
6.0　主给水和启动给水系统(FWS)		
6 号高加入口水温	178.5	℃
7 号高加入口水温	200.9	℃
给水压力(汽轮机厂房处)	7.17	MPa(a)
给水温度(汽轮机厂房处)	226.7	℃
给水流量(汽轮机厂房处)	6 799 000	kg/h
6 号高加数量	2	台/Unit
7 号高加数量	2	台/Unit
除氧器和除氧水箱数量	1	套/Unit
主给水泵数量	33%×3	台/Unit
主给水前置泵数量	33%×3	台/Unit

续表

参数名称	数值	单位
额定工况		
除氧器再循环泵数量	100%×1	台/Unit
7.0 汽水分离再热器系统(SRS)		
汽水分离再热器数量	2	台/Unit
再热蒸汽入口温度	178.6	℃
再热蒸汽出口温度	257.0	℃
8.0 加热器疏水和排气系统(HDS)		
低加疏水泵	50%×2	台/Unit
低加疏水箱	2	台/Unit
汽水分离器疏水泵数量	50%×2	台/Unit
MSR 二级疏水罐数量	4	台/Unit
MSR 一级疏水罐数量	4	台/Unit
MS 疏水罐数量	2	台/Unit
9.0 循环水系统(CWS)		
循环水流量	279 600	m^3/h
循环水入口温度	20	℃
循环水出口温度	27	℃
循环水泵数量	50%×2	台/Unit
10.0 开式循环冷却水系统(OWS)		
冷却水设计温度	20	℃
冷却水流量	3 600	m^3/h
开式冷却水泵数量	50%×3	台/Unit
11.0 汽轮机房闭式冷却水系统(TCS)		
冷却水出口温度	35	℃
闭式冷却水泵数量	50%×3	台/Unit
热交换器数量	3	台/Unit

1.3 汽轮机基本知识

1.3.1 汽轮机基础知识

1.3.1.1 基本概念

(1) 级的概念

汽轮机本体中做功汽流的通道称为汽轮机的通流部分,它包括主汽阀、主调阀、导管、进汽室、各级喷嘴和动叶及汽轮机的排汽管。把固定在隔板(或喷嘴箱)中不动的喷嘴叶栅(又称静叶栅)与其后旋转叶轮上安装的动叶栅的组合称为汽轮机的级。现代电站汽轮机均为多级汽轮机,由若干级组成。

级是汽轮机中完成能量转变的最基本的工作单元。

(2) 反动度

推动动叶栅转动的作用力一般可以分为冲动力和反动力两种形式。当汽流在动叶汽道内不膨胀加速,而只随汽道形状改变其流动方向时,汽流改变流动方向对汽道所产生的离心力叫做冲动力。蒸汽在动叶汽道内随汽道改变流动方向的同时仍继续膨胀加速,即汽流不仅改变方向,而且因膨胀使其速度也有较大的增加,加速的汽流流出汽道时,对动叶栅将施加一个与汽流流出方向相反的反作用力,这个作用力叫反动力。

为了说明汽轮机某一级中,蒸汽在动叶汽道内膨胀程度的大小,引入反动度的概念。级的反动度 Ω_m 等于蒸汽在动叶中的理想焓降与整个级的滞止理想焓降之比。如图 1-3-1 所示。

(3) 纯冲动级的工作原理

反动度等于 0 的级为纯冲动级。它的特点是:蒸汽只在喷嘴叶栅中膨胀,在动叶栅中不进行膨胀而只改变流动方向,故动叶栅进出口压力相等。能量的转换过程实际上是分两步来完成的,如图 1-3-2 所示。

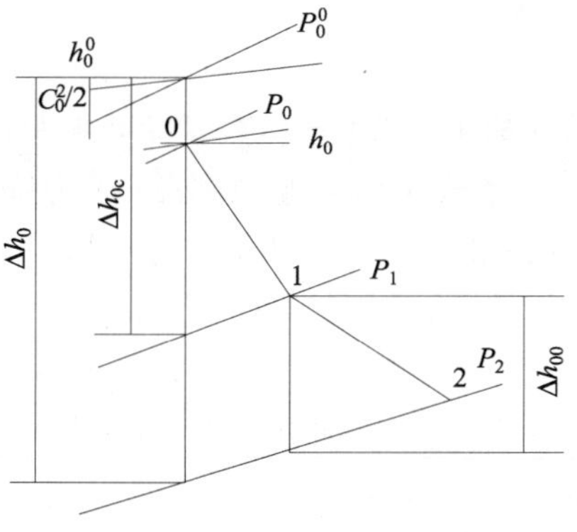

图 1-3-1　h-s 图上蒸汽在级内的活动过程示意图

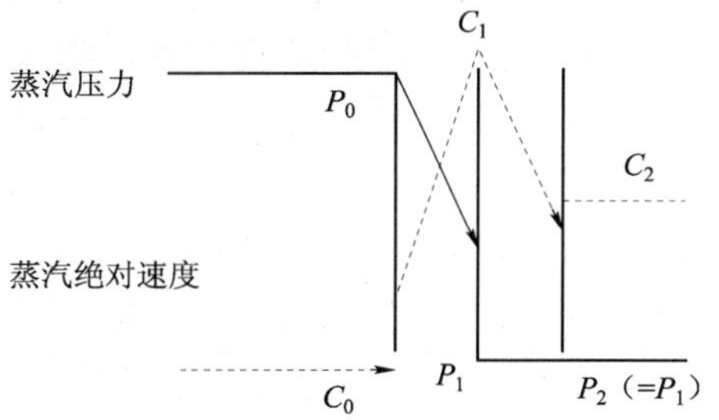

图 1-3-2　汽轮机级的示意图

第一步:蒸汽在喷嘴叶栅中膨胀,压力降低,速度升高,将热能转变为动能。

因蒸汽流过静止的喷嘴时,和外界不发生热交换,也不对外做功,即是等熵膨胀过程,有:

$$h_0 - h_1 = \Delta h = (C_1^2 - C_0^2)/2$$

式中:h_0,h_1——汽流进入和流出喷嘴的比焓值;

C_0,C_1——汽流进入和流出喷嘴时的绝对速度。

式中的 Δh 称为蒸汽在喷嘴中的焓降。该式表明,汽流通过喷嘴膨胀时的焓降转变成了汽流动能的增加,即由热能转变成了动能。

第二步:蒸汽高速进入动叶栅,冲动叶轮旋转,只改变流动方向,压力不变,绝对速度降低(降至 C_2),从而实现蒸汽动能转变为叶轮高速旋转的机械能。此过程蒸汽做功为:

$$Lu = (C_1^2 - C_2^2)/2$$

这就是冲动级的工作原理。

(4) 反动级的工作原理

反动度为 1 的级叫做纯反动级。它的工作特点是蒸汽在喷嘴叶栅中不进行膨胀，蒸汽膨胀全部在动叶栅中完成。

图 1-3-3 所示是一个纯反动级的示意图。静叶栅流通截面不变，而动叶栅流通截面逐渐收缩，呈喷嘴形。

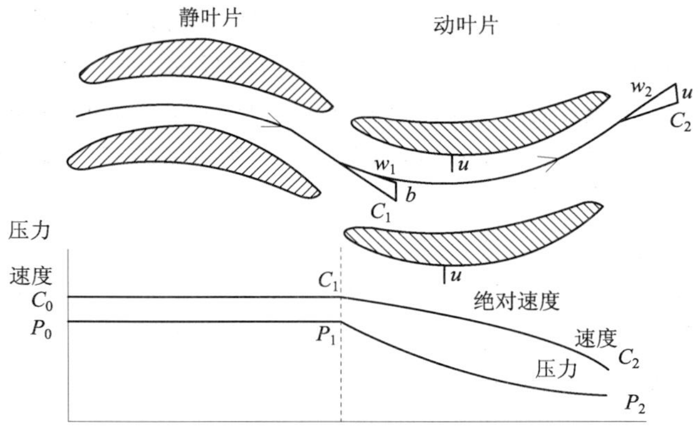

图 1-3-3 纯反动级

在这种型式的级中，热能转变为机械能是在动叶栅中一步完成的，喷嘴叶栅只起集流蒸汽和导向蒸汽的作用，不进行蒸汽膨胀的能量转换。蒸汽在动叶栅中膨胀，压力降低，蒸汽的相对速度增加，将热能转变为动能，当蒸汽以很高的相对速度离开动叶栅时，就对动叶片产生了反作用力(此作用力叫做反动力)，推动叶轮旋转，将动能转变为机械能。

实际上，纯反动式汽轮机是永远得不到应用的。一般把级的反动度小于 0.25 的汽轮机仍然归属于冲动式汽轮机，而把级的反动度等于和大于 0.4～0.6 的汽轮机称为反动式汽轮机。在多级反动式汽轮机中，通常使用反动度约等于 0.5 的反动级。

在所谓的反动式汽轮机中，蒸汽的膨胀同时在喷嘴叶栅和动叶栅中进行，能量转换过程如下：

在喷嘴叶栅中，蒸汽膨胀，压力降低，绝对速度升高，将热能转变为动能，同冲动式级相同。

在动叶栅中，除了来自喷嘴叶栅高速汽流作用于动叶栅上的冲动力外，蒸汽继续膨胀，压力继续降低，相对速度增加，形成了反动部分的作用力，也作用于动叶栅上，这两种力的共同作用使叶轮高速旋转，作出机械功。

1.3.1.2 级的分类

按照级的流通面积是否随负荷大小而变化分为：调节级和压力级。

按动叶栅的列数分为：单列级和复速级。分述如下。

(1) 单列级

单列级：即一个级中只有一列喷嘴叶栅和一列动叶栅。

（2）复速级

复速级：在一列喷嘴叶栅后，安装两列动叶栅和一列不转动的导向叶栅，这种级称为复速级。为了减少级数以简化结构，就必须使一个级的利用焓降增大。但是随着级的焓降增大，在一定圆周速度 u 的限制下，速度比将减少，使级的轮周效率降低。1 kg 蒸汽所作出的轮周功与蒸汽在该级所消耗的理想能量之比称为级的轮周效率。

由汽轮机理论可知，对每个级来说存在着一个最佳速度比：$x=u/C_1$，即级的圆周速度 u 与喷嘴叶栅出口汽流速度 C_1 之比。轮周效率受速度比的影响，只有在最佳速比时轮周效率最高。对于冲动式汽轮机而言 $x=0.46\sim0.49$，而对于反动式汽轮机而言，最佳速比 $x=0.8\sim0.9$。提高焓降使轮周效率降低的主要原因是余速损失增大，为了改善余速利用，故采用复速级结构。

在复速级中，从第一列动叶栅流出的汽流经过导向叶栅转向后，流入第二列动叶栅做功。汽流经过两列动叶栅将它的动能转换为转子的机械能，使第二列动叶栅出口的绝对速度大大减小，从而降低了余速损失，这样，既保证了复速级能有较大的焓降，同时轮周效率也不致过低。

采用复速级的好处是：复速级的焓降比单列级约大三倍，从而减少了汽轮机的级数，结构紧凑，蒸汽温度、压力在一个级内下降较多，缩小了汽轮机在高温工作的区域，从而节省了高温材料，降低了机组成本。

由上可见，在复速级中，由喷嘴叶栅出来的汽流速度得到了两次利用，故又称复速级。

（3）调节级

调节级的功能是用来调节汽轮机进汽量的。因此，它是多级汽轮机的第一级。

调节级的特点是在汽轮机的进汽量发生变化时，部分进汽度有所改变。因此，调节级的喷嘴是分成组的，每一组喷嘴由一个独立的调节汽阀供汽。当只有一个调节汽阀处于开启位置时，就只有一组喷嘴起作用，这时级在小的部分进汽度下工作。随着调节汽阀依次开启，部分进汽度逐渐增大，所有阀门开启后部分进汽度依然小于1。

在结构上，调节级有大的汽室将它和后面的非调节级（压力级）分开。设置此汽室是为了使调节级后的蒸汽便于沿圆周方向流动而使第一级非调节级全周进汽。

调节级之所以又叫速度级是因为用它来调节汽轮机的进汽量，从而调节汽轮机的转速。

调节级既可是单列级，也可是复速级。在现代大功率汽轮机中较多采用单列调节级，因为根据技术经济的比较证明采用较大的焓降没有优越性。

（4）压力级

不做调节级用的单列级叫做压力级，它是相对于速度级即调节级而言的，压力级是采取全周进汽的。

1.3.2　汽轮机一般结构

汽轮机结构主要分为两大部分：

- 转子：包括动叶栅、叶轮、轴、联轴器等转动部件；
- 静子：包括汽缸、喷嘴叶栅、隔板、支承转子的轴承等静止部件。

多级汽轮机是由一个在汽缸上带有多个隔板的静子和一个在轴上装有多个叶轮的转子组成。轮盘在炽热状态下装到轴上，或是和轴做成一个整体。轮子的轮缘上固定有动叶栅，叶栅之间有固定的中间隔板隔开。隔板上装配有喷嘴叶栅，每一块隔板和相应的叶轮组成一个级，各级鱼贯相连。

第一级喷嘴一般装在汽轮机汽缸上的喷嘴室中，其他级的喷嘴是装在各级的隔板中。喷嘴叶栅和动叶栅的高度逐渐增大，这是因为蒸汽逐级膨胀时其容积增大。蒸汽经过若干个阀门进入第一级喷嘴，然后逐级膨胀做功，并在每级中保持一定的压力，最后在后汽缸排出，进入凝汽器被凝结成水。

汽轮机轴穿过汽缸的地方装有轴端汽封，防止高压蒸汽从汽缸漏出或空气漏入低压缸。在汽轮机级之间也设有汽封。

为了便于安装、修理，汽缸和隔板一般在中分面分为上、下两半。上、下汽缸通过法兰和螺栓相连接。只要拆开联结螺栓，就可以打开汽轮机上半缸和上半隔板，将联轴器分开后，整个汽轮机转子就可以从汽缸中取出。

在汽轮机启动和停机过程中，为了避免由于转子受热不均或自重原因导致大轴弯曲，一般大功率汽轮机都装有电动机带动的盘车装置。

要保证汽轮机正常运行，发出所需的功率，保持所需的转速，汽轮机还需具有调节系统、保护系统和相应的油系统等。

1.3.3 汽轮机的分类

汽轮机可按不同的方法进行分类。

(1) 按工作原理分

1) 冲动式汽轮机；

2) 反动式汽轮机。

实际上目前的汽轮机很多既不是纯冲动式的，也不是纯反动式的。在许多汽轮机中既有反动级，也有部分是采用冲动级。

(2) 按热力特性分

1) 凝汽式汽轮机

蒸汽在汽轮机内做功后，除少数漏汽外，全部排入凝汽器凝结成水的汽轮机称为纯凝汽式汽轮机。近代汽轮机一般都采用抽汽回热，但仍称为凝汽式汽轮机。

2) 背压式汽轮机

蒸汽在汽轮机里做功后，在高于大气压力下排出。排汽可供热力用户或低压汽轮机用。这种汽轮机称为背压式汽轮机，又称前置式汽轮机。

3) 调节抽汽式汽轮机

在这种汽轮机中，部分做过功的蒸汽在一定压力下(压力在一定范围内可以调整)由汽轮机内抽出供给热力用户使用；而其他部分继续做功，然后排入凝汽器。

4) 中间再热式汽轮机

新蒸汽在汽轮机前面若干级做功后，引至加热装置中再次加热到一定温度，然后再回到汽轮机继续做功。这种汽轮机称为中间再热式汽轮机；还有二次中间再热的汽轮机。

(3) 按蒸汽参数分

1) 低压汽轮机；

2) 中压汽轮机；

3）高压汽轮机；

4）超高压汽轮机；

5）亚临界汽轮机；

6）超临界汽轮机。

另外，还有按用途、蒸汽在汽轮机中的流动方向、汽轮机的级数、汽缸数、蒸汽在汽轮机中的流道数、汽轮机的轴线数等分类方法，在此就不再一一列出。

1.3.4　核电厂汽轮机的工作特点

1.3.4.1　新蒸汽参数在一定范围内变化

这是目前压水堆核电厂中常采用的一种折中方案，也就是选择一个反应堆平均温度 t_{avg} 和汽轮机新蒸汽参数 P_0，t_0 都作适当变化，而变化又都不太大的方案。

图 1-3-4 所示为 AP1000 反应堆的运行方式——反应堆入口温度 t_{in} 随功率增加而线性降低，t_{avg} 随功率增加而线性增加，t_0 随功率增加而线性减小。因此，新蒸汽压力在 7.56 MPa(a)（零负荷时压力）和 5.53 MPa(a)（100％负荷压力）的范围内变化。

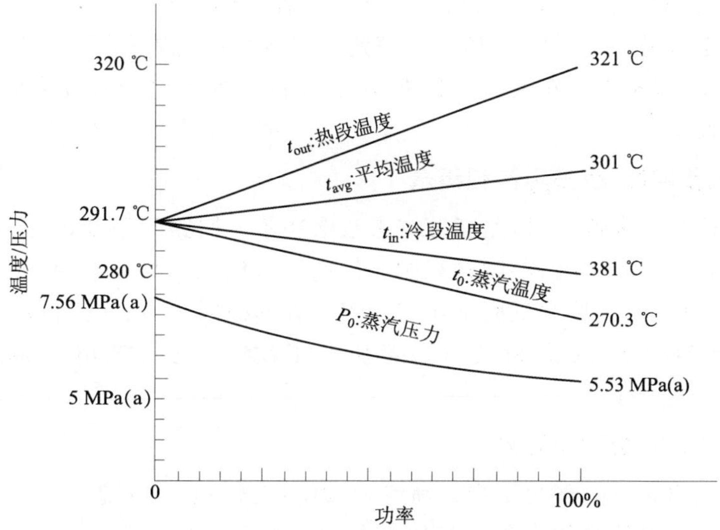

图 1-3-4　主冷却剂温度/压力随功率变化趋势图

除了上述的方案之外，还有两种方案可以选择。

（1）汽轮机新蒸汽参数 P_0，t_0 保持不变

对常规火电厂来说，这是经常采用的一种方法。但是对于压水堆核电厂来说，如果仍然要设法保持这种运行方案，在汽轮机新蒸汽参数 P_0，t_0 保持不变的情况下提升核电厂机组功率，从蒸汽发生器的热平衡方程式可以看出：

$$N_r = K \cdot F \cdot \Delta t = KF(t_{avg} - t_0)$$

式中：N_r—— 蒸汽发生器产生的热功率；

K —— 蒸汽发生器传热系数；

F ——蒸汽发生器换热面积；

Δt —— 蒸汽发生器平均温差；

t_{avg}—— 反应堆冷却剂平均温度。

当 $t_{avg}=(t_{out}+t_{in})/2$ 时，就必须提高反应堆冷却剂的平均温度 t_{avg}。为此一般都采用在一回路冷却剂流量不变的情况下，增加反应堆冷却剂进出口温升（$t_{out}-t_{in}$）的同时，增加堆内平均温度。

这种方案对常规岛比较有利（P_0，t_0 = 常数），有比较成熟的运行经验。但对核岛来说，就产生了以下的问题：

1）由于反应堆冷却剂平均温度变化比较大，就要求一回路具有很大体积的压力调节器——稳压器，使一回路的压力补偿问题变得严重了；

2）对于具有负温度系数的压水堆，在功率提升中要求有较大的控制棒位移和较大的反应性补偿。

这些问题给一回路的设计和运行带来了困难，因此目前都不采用这种运行方式。

（2）反应堆平均温度 t_{avg} 不变

另外还有一种反应堆平均温度 t_{avg} 不变的运行方式。对于具有负温度系数的反应堆来说，这是一个很有利的方案，它只需要最少的外部控制，在理想情况下，甚至可以不需要移动控制棒来变动功率。另外，t_{avg} 不变，所以一回路系统冷却剂的体积、压力补偿问题也大为简化。当然与此相反，汽轮机的新蒸汽参数 P_0，t_0 在不同工况下将会有较大的变化，降低了二回路汽水循环的效率。

1.3.4.2 新蒸汽参数低，且多用饱和蒸汽

对于压水堆核电厂来说，二回路新蒸汽参数取决于一回路的温度，一回路温度主要受燃料包壳材料性能限制，如一回路温度过高则会加速燃料包壳的高温腐蚀。因此，压水堆核电厂汽轮机的新蒸汽压力，应按照反应堆压力容器计算的极限压力和燃料包壳温度限制选取，一般不超过 6～8 MPa(a) 的饱和蒸汽。满功率工况下，三门核电厂的新蒸汽参数为 5.53 MPa(a)。

1.3.4.3 理想焓降小，容积流量大

一般饱和蒸汽汽轮机的理想焓降比高参数火电厂汽轮机的理想焓降约小一半。因此，在同等功率下核电厂汽轮机的容积流量比高参数火电厂汽轮机约大 60%～90%。由于这一点使核电厂汽轮机在结构上有以下特点：

（1）进汽机构的尺寸增大（包括管路）；

（2）功率大于 500～800 MW 的汽轮机高压缸采用双分流结构；

（3）由于叶片高度大，所以前面的几级采用变截面式叶片；

（4）调节级的叶片高度大，所以叶片的弯曲应力大，因此采用部分进汽困难，也就是不容易采用喷嘴配汽（注：三门核电厂汽轮机为提高热效率不设调节级）；

（5）因为低压缸通流量大，所以需要增大分流数目，或者采用低转速。

1.3.4.4 汽轮机中积聚的水分多，容易造成汽轮机组超速

如同火电厂中的中间再热式汽轮机一样，核电厂汽轮机各缸之间也有大量蒸汽和连接管道，所以在甩负荷时会使转子升速。另外，在使用湿蒸汽的汽轮机中，还要考虑在转子表

面、汽轮机静止部件上和汽水分离器及其他部件上，蒸汽冷凝水因再沸腾和汽化而引起的加速作用。计算和经验表明，由于这一原因，在甩负荷时，水膜汽化可使机组转速增长15%～25%。为了减少核电厂汽轮机转速飞升，可采取以下措施：

（1）在汽水分离再热器后蒸汽进入低压缸之前的管道上装设专用的截止阀；

（2）缩小高低压缸之间的管道尺寸，将分离器和再热器连在一起；

（3）完善汽轮机的管道疏水。

1.4　发电厂热效率分析

1.4.1　热力学定律

核电厂常规岛的作用就是将核反应热能转变成电能，最终将电能通过电网输送到用户。因此，在保证一回路安全运行的条件下，核电厂的二回路稳定经济运行是整个核电厂最终的目标。核电厂的常规岛部分与常规火电厂原理一样，都要遵守热力学第一定律和热力学第二定律。

1.4.1.1　热力学第一定律

能量守恒与转换定律是自然界的基本规律之一。它指出：自然界中的一切物质都具有能量，能量不可能被创造，也不可能被消灭，但能量可以从一种形态转变为另一种形态，且在能量的转化过程中能量的总量保持不变。

热力学第一定律是能量守恒与转换定律在热现象中的应用，它确定了热力过程中热力系与外界进行能量交换时，各种形态能量数量上的守恒关系。第一定律可以表述为：

“热是能的一种，机械能变热能，或热能变机械能的时候，它们间的比值是一定的”或“热可以变为功，功也可以变为热。一定量的热消失时必产生相应量的功；消耗一定量的功时必出现与之对应的一定量的热”。

热力学第一定律是人类在实践中积累的经验总结，它不能用数学或其他的理论来证明，但第一类永动机迄今仍未造成以及由第一定律所得出的一切推论都与实际经验相符合等事实，可以充分说明它的正确性。

1.4.1.2　热力学第二定律

热力学第一定律说明了能量在传递和转化时的数量关系。温度不同的两物体传递热量时，一物体失去的热量必等于另一物体得到的热量，但未说明热量传递的方向，谁失谁得？什么条件下能传递？过程进行到何时为止？当热能和机械能相互转化时，两者数量相等，但未说明热转功和功转热是否都自动进行？热力学第一定律未能表明能量传递或转化时的方向、条件和限度。

热力学第二定律是阐明与热现象相关的各种过程进行的方向、条件及限度的定律。这里介绍两种最基本的、广为应用的表达形式。

热力学第二定律的克劳修斯说法：

1850年，克劳修斯从热量传递方向性的角度提出：热不可能自发地、不付代价地从低温物体传至高温物体。但是通过热泵装置的逆向循环可以将热量自低温物体传向高温物体，并不违反热力学第二定律,因为它是花了代价而非自发进行的。

热力学第二定律的开尔文说法:

1851 年左右,开尔文从热能转化为机械能的角度先后提出更为严密的表述,被称为热力学第二定律的开尔文说法:不可能制造出从单一热源吸热、使之全部转化为功而不留下其他任何变化的热力发动机。

有人设想制造一台机器,使其从环境大气或海水里吸热不断获得机械功。这种单一热源下作功的动力机称为第二类永动机。它虽不违反热力学第一定律的能量守恒原则,但是违背了热力学第二定律,因而热力学第二定律也可以表述为:第二类永动机是不存在的。

1.4.2 卡诺循环

卡诺循环是工作于温度分别为 T_1 和 T_2 的两个热源之间的正向循环,由两个可逆定温过程和两个可逆绝热过程组成。工质为理想气体时的 *T-S* 图,如图 1-4-1 所示。图中:4—1 为绝热压缩;1—2 为定温吸热;2—3 为绝热膨胀;3—4 为定温放热。

经过计算,可得卡诺循环的热效率

$$\eta_c = 1 - \frac{T_2}{T_1}$$

分析卡诺循环热效率公式,可得出如下几点重要结论:

(1) 卡诺循环的热效率只决定于高温热源和低温热源的温度 T_1 和 T_2,也就是工质吸热和放热的温度。提高 T_1,降低 T_2,可以提高热效率。

(2) 卡诺循环的热效率只能小于 1,绝不能等于 1,因为 $T_1=\infty$ 或 $T_2=0$ 都不可能实现。这就是说,在循环发动机中即使在理想情况下,也不可能将热能全部转化为机械能。热效率当然更不可能大于 1。

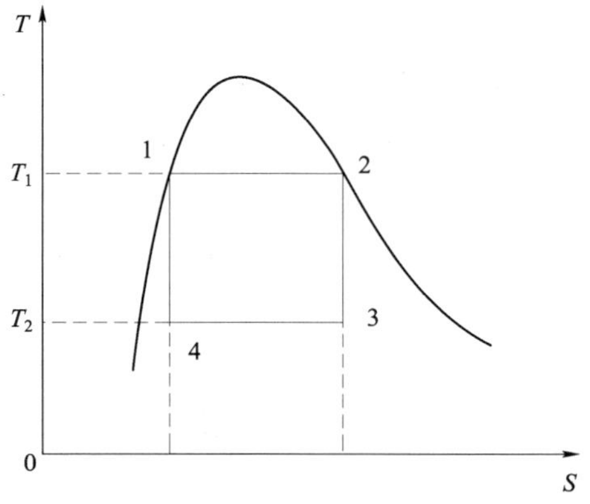

图 1-4-1 卡诺循环 *T-S* 图

(3) 当 $T_1=T_2$ 时,循环热效率为 0。它表明,在温度平衡的体系中,热能不可能转化为机械能,热能产生动力一定要有温度差作为热力学条件,从而验证了借助单一热源连续做功的机器是制造不出的,或第二类永动机是不存在的。

尽管卡诺循环在热力学的发展上具有重大意义,但是迄今为止,在工程上还没有制造出严格按照卡诺循环工作的热力发动机。因为,在绝热膨胀末期蒸汽湿度很高,对动力机很不利。另外,在低温放热终了时蒸汽未完全凝结,汽水混合物的比容大,湿蒸汽压缩有困难,且耗功太多,所以实际热力循环效率与卡诺循环还有较大的差距。

1.4.3 三门核电厂实际的热力循环

在实际的蒸汽动力装置中不采用卡诺循环,而是在朗肯循环的基础上予以改进而得到的。朗肯循环与水蒸气的卡诺循环主要不同之处在于乏汽的凝结是完全的,即乏汽完全液化,而不是止于点 4(图 1-4-1)。此外,采用了过热蒸汽,蒸汽在过热区的加热是定压加热而不是定温加热。完全凝结使循环中多一段水的加热过程,减小了循环平均温差,对热效率是不利的。但是对简化设备却是有利的,因为压缩水比压缩水汽混合物要方便得多。采用过热蒸汽则增大了循环的平均温差,并使乏汽的干度也提高,这些都是有利的。

三门核电厂的实际热力循环也是在朗肯循环的基础上予以改进的,如图 1-4-2 所示。过程 1-2-3 为给水在蒸汽发生器中加热成为饱和蒸汽;过程 3—4 为主蒸汽在高压缸中的绝热膨胀过程,随着工质热能的逐级转化为功,蒸汽的湿度逐级增加。由于湿度太高,如果直接送入低压缸内做功,湿度会越来越大,最终造成汽轮机无法工作。因此,过程 4—5 为高压缸排汽在汽水分离再热器中首先进行汽水分离,然后进行两级再热后达到状态 5,这点的蒸汽为过热蒸汽,这样低压缸的工作条件得到好转;过程 5—6 为蒸汽在汽轮机低压缸中做功的过程,也是绝热膨胀过程;过程 6—7 为工质在凝汽器进行的定压定温放热过程,最后所有乏汽都凝结成水达到点 7;过程 7—1 为主给水泵的绝热压缩过程。三门核电厂实际的热力过程不仅有再热,还有多级回热,以提高热力循环效率。

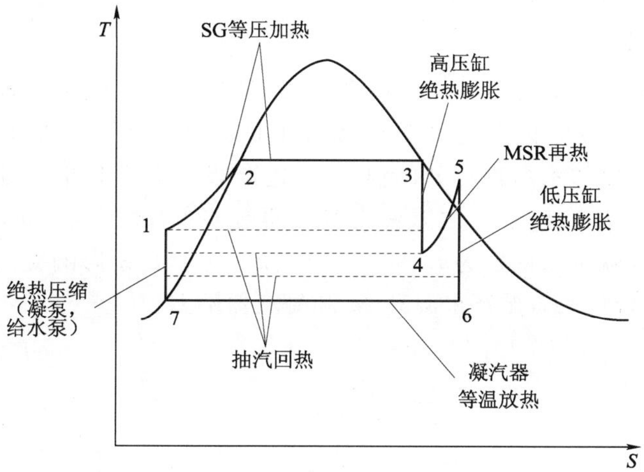

图 1-4-2 三门核电厂热力循环 *T-S* 图

(1) 给水回热循环

给水回热循环是利用已在汽轮机中做过功的蒸汽,通过给水回热加热器将回热蒸汽冷却放热来加热给水,以减少液态区低温工质的吸热,因而提高循环的吸热平均温度,使循环效率提高。影响给水回热循环热经济性的三个给水回热因素是回热加热的分配、相应最佳给水温度和回热级数。

(2) 给水再热循环

核电汽轮机的新蒸汽多为饱和蒸汽,再热的作用主要还是为了安全,用以提高进入低压缸的蒸汽温度,使排汽湿度在允许范围。当然,只要再热参数选择合适,再热就是进一步提高蒸汽温度和热经济性的重要手段。

1.4.4 核电厂常规岛的热效率分析

由以上分析可知,电厂热效率主要受到蒸汽初参数和蒸汽终参数的影响。下面分别介绍各个参数对电厂热效率的影响。

1.4.4.1 蒸汽初参数

(1) 提高蒸汽初温

提高蒸汽初温，使排汽干度提高，减少了低压缸排汽湿汽损失。另外，提高蒸汽温度使其比容增大，当其他条件不变时，汽轮机高压端的叶片高度加大，相对减少了高压端漏汽损失，因而可提高汽轮机的相对内效率，从而提高了汽轮机的绝对内效率。然而，在核电厂由于受到一回路平均温度的限制，二回路的蒸汽温度提高比较有限。这就必须靠改进一回路燃料包壳材料来实现。

(2) 提高蒸汽初压

在一定范围内，提高蒸汽初压，电厂热效率可以提高。然而，提高蒸汽初压使得进入汽轮机的蒸汽比容和容积流量减小，相对加大了高压端漏汽损失，有可能要局部进汽而导致鼓风损失，使得汽轮机相对内效率下降。另外，也会使得排汽湿度增加，这不仅严重影响机组热经济性，而且还危及机组的正常运行。

1.4.4.2 蒸汽终参数

降低蒸汽终参数即指降低汽轮机的排汽压力，那么该压力下的饱和温度 t_s 也随之确定。由于蒸汽凝结温度 t_s 在凝结区内变化很小(实际上是逐渐减小的)，如图 1-4-3 所示。所以我们假设其基本不变。冷却水由进口处的温度 t_{w1} 逐渐吸热上升到出口处的温度 t_{w2}，那么冷却水的温升 $\Delta t=t_{w2}-t_{w1}$。t_s 与 t_{w2} 之差称为凝汽器端差，以 δt 表示，$\delta t=t_s-t_{w2}$。那么主凝结区的蒸汽冷凝温度就可以确定为 $t_s=t_{w1}+\Delta t+\delta t$。也就是说影响凝汽器排汽压力的因素有三个：循环水入口温度 t_{w1}，循环水温升 Δt 和凝汽器端差。

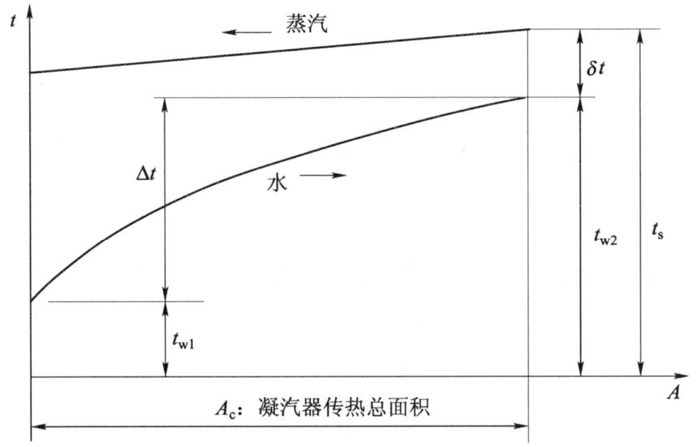

图 1-4-3 凝汽器中蒸汽凝结温度图

(1) 循环水入口温度 t_{w1}

一般来说，循环水温度越低凝汽器真空越高，即低压缸排汽温度越低，其循环热效率就越高，但循环水温度受到环境温度及地理条件的限制。在我们国家，总的来说，冬季的时候循环水温会低一些，真空会好一点，循环热效率也就高一些，夏季正好相反。

(2) 循环水温升 Δt

循环水温升主要影响因素有循环水流量和进入凝汽器的蒸汽流量。

在同样的循环水温度，如果循环水倍率越大，凝汽器的真空越好，但是增加循环水量是有限的，另外当循环水量增加到一定程度，其循环效率的增长已经不能补偿循泵所消耗的厂用电。另外，循环水流量还受到海水潮位以及循环水管道是否通畅等因素的影响。由于海水中泥沙含量比较高，容易造成凝汽器管板堵塞，从而影响到凝汽器真空。为此，三门核电厂设置了胶球清洗系统。

随着负荷的增加，排入凝汽器的蒸汽流量增加，也会使循环水温升增大，从而使凝汽器真空下降，循环热效率降低。当然这是不可避免的。

(3) 凝汽器端差

凝汽器端差主要受到凝汽器传热面积和传热系数等因素的影响。

虽然增加凝汽器的传热面积可以提高凝汽器真空，进而提高电厂的循环热效率，但是要考虑到场地和设备制造等因素的制约。因此，凝汽器不可能制造得无限大，往往在设计时凝汽器的传热面积就定了下来，不可改变。

凝汽器传热系数是影响凝汽器真空的一个重要因素。凝汽器漏入空气量增大或者凝汽器抽气装置故障，都会使凝汽器传热系数下降，进而使得凝汽器端差增大，从而降低凝汽器的真空。另外，凝汽器中漏入空气还会使得排汽口温度升高，真空泵抽吸能力下降以及使凝结水产生过冷。

复习思考题

1. 画出常规岛汽水循环流程简图。
2. 简述汽轮机级的概念。
3. 简述汽轮机的结构。

第二章　常规岛蒸汽部分

2.1　蒸汽发生器系统(SGS)

2.1.1　系统功能

2.1.1.1　安全相关功能

（1）安全壳隔离

SGS 系统在每个穿过安全壳的管线上至少提供一个安全壳隔离阀，限制放射性物质的释放，实现了安全壳的隔离。

（2）蒸汽发生器隔离

在蒸汽管线破裂或给水管线破裂，或者一个蒸汽发生器安全阀或大气释放阀意外打开或卡在开启位置的情况下，SGS 系统可以限制两个蒸汽发生器同时不可控排放，以保持反应堆压力容器的完整性，防止燃料破损。

（3）给水隔离

在蒸汽管线破裂或蒸汽发生器传热管破裂的情况下，SGS 系统可以在 PMS 系统发出主给水隔离信号时将主给水隔离，以防止出现对 RCS 系统的过度冷却或放射性物质外泄的情况。

（4）二次侧超压保护

SGS 系统对蒸汽发生器二次侧和主蒸汽隔离阀上游的蒸汽管道提供超压保护，以保证蒸汽发生器壳体、管道和设备的完整性。

（5）工艺参数监测和控制

SGS 系统监视工艺参数，如蒸汽发生器液位、蒸汽流量、蒸汽管线压力、蒸汽管线放射性以及启动给水流量，并向 PMS 系统提供输入信号，同时产生专设安全设施的启动信号。

2.1.1.2　其他执照相关功能

SGS 系统向 DAS 系统提供输入信号，用于 DAS 系统的相关功能。

2.1.1.3　非安全相关纵深防御功能

（1）衰变热导出

在异常运行期间，SGS 系统可以与主给水和启动给水系统、主蒸汽系统一起导出 RCS 中的热量，并将热量通过蒸汽发生器传输到 SGS 系统。

在停堆期间，若凝汽器不可用，SGS 系统可以通过将启动给水输送到蒸汽发生器并通过蒸汽发生器大气释放阀将蒸汽排放到大气来导出衰变热。

（2）工艺参数监测和控制

SGS 系统向 DAS 系统提供蒸汽发生器宽量程水位信号以启动反应堆紧急停堆、汽轮机紧急停机或 PRHR 启动。

为了防止蒸汽发生器满溢，SGS 系统向 DAS 提供蒸汽发生器水位信号以用于主控室水位显示，并提供一个高报信号用于提醒操纵员手动启动 ADS 系统。

（3）超压保护

SGS 系统的大气释放阀可以提供二次侧超压保护并防止弹簧预载安全阀动作。

2.1.1.4 其他非安全相关功能

（1）传输蒸汽和给水用于电力生产

SGS 系统将加热过的给水从主给水系统输送给安全壳内的蒸汽发生器，并将蒸汽发生器内产生的蒸汽传送到主蒸汽系统以驱动汽轮发电机组用于电力生产。

（2）持续运行

在功率运行期间，SGS 系统提供可靠稳定的给水流量控制，同时保持蒸汽发生器二次侧水装量在正常的运行范围内，以防止不必要的反应堆和汽轮机脱扣。

（3）工艺监测和控制

SGS 系统提供对蒸汽发生器、主蒸汽隔离阀上游的蒸汽管线、与蒸汽发生器连接的给水管线上的工艺参数的监测，而工艺控制功能则包括维持蒸汽发生器装量和水位控制功能。

（4）正常冷却时衰变热的导出

SGS 系统可以用来在正常停堆过程中将堆芯衰变热导出。通过和给水系统相配合，将反应堆冷却至 RNS 可以投入的状态。

（5）排污至 BDS 系统

在启动、停堆和正常功率运行期间，SGS 可以实现连续的排污以维持蒸汽发生器二次侧的水质在所要求的范围内。

（6）主蒸汽管线预热

SGS 系统具有一个主蒸汽隔离阀的旁路阀，可以用来平衡主蒸汽隔离阀前后的压差以将之开启。此外，主蒸汽隔离阀的旁路阀还可用在机组启动时来对蒸汽管线逐渐预热以限制蒸汽管线上的热应力。

（7）主蒸汽疏水

SGS 系统在主蒸汽隔离阀前设有疏水装置用来收集和排除蒸汽管线产生的疏水。这样可以避免由于水的引入导致设备的损坏或者水锤的发生。

2.1.2 系统描述

SGS 系统包含两个相同的系列，每个蒸汽发生器对应一个系列。每个系列从功能上包括以下三个主要的子系统（如图 2-1-1 所示）：主蒸汽管线，主给水和启动给水管线以及蒸汽发生器排污管线。

2.1.2.1 主蒸汽管线

SGS 系统的主蒸汽管线是指从蒸汽发生器出口管嘴向上延伸到并包括位于辅助厂房和汽轮机厂房接口处之间的管线部分。主蒸汽管线的主要作用就是将蒸汽发生器中产生的蒸汽输送到 MSS 系统，这个过程包括从蒸汽管线的暖管到整个电厂的满功率运行。

SGS 系统的每条主蒸汽管线上都有一个主蒸汽隔离阀（MSIV），六个主蒸汽安全阀（MSSV），一个大气释放阀（PORV）和一个大气释放阀的隔离阀。其中主蒸汽隔离阀还具

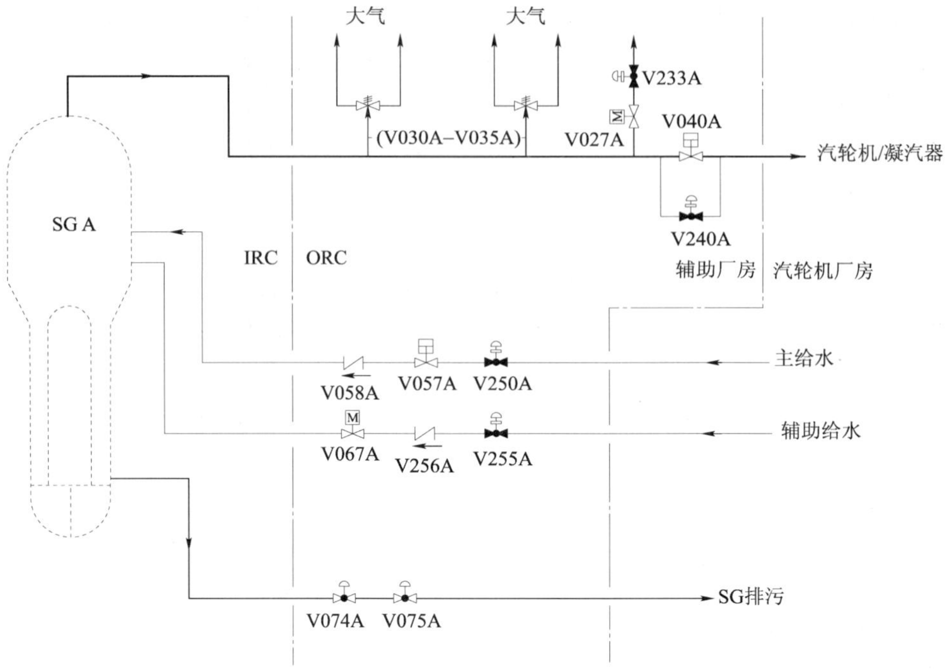

图 2-1-1 SGS 系统流程简图

有一个旁路阀，用于提供安全壳和蒸汽发生器的隔离，并在启动时用于蒸汽管线暖管和提供主蒸汽隔离阀两侧的压力平衡。所有这些阀门都位于辅助厂房。另外，为了尽量降低汽轮机进水的可能性，在靠近主蒸汽隔离阀的主蒸汽管线上的低点设置有疏水管线。

2.1.2.2 主给水和启动给水管线

主给水和启动给水管线部分是指从蒸汽发生器管嘴至汽轮机厂房和辅助厂房交界处之间的主给水管线和启动给水管线。主给水和启动给水管线的功能是在不同的运行模式下将给水输送到蒸汽发生器以维持其液位。

每个主给水和启动给水管线的设备如下：一个主给水隔离阀，一个启动给水隔离阀，一个主给水控制阀，一个启动给水控制阀，一个主给水逆止阀和一个启动给水逆止阀。这些阀门也位于辅助厂房内。

2.1.2.3 蒸汽发生器排污管线

BDS 系统的主要功能是在正常运行期间以及在发生凝汽器钛管泄漏或 SGTR 期间用于辅助维持二回路的水质在一个可接受的水平。每个排污管线上的主要设备是位于辅助厂房的两个串联的排污隔离阀。

主要相关系统有 RCS，FWS，BDS，MSS，DAS，CNS，CDS 和 TDS 等系统。

2.1.3 主要设备

2.1.3.1 主蒸汽安全阀

每个主蒸汽管道有六个弹簧加载式的安全阀。主蒸汽安全阀是主蒸汽压力边界的一部分，因此也构成安全壳边界的一部分。阀门和管道是法兰连接以便于必要时拆除和维修。

即使在发生停机不停堆的丧失热阱的事故下，主蒸汽安全阀也可以提供足够的容量以防止主蒸汽管线的压力超过设计压力的110%。每个安全阀在110%主蒸汽设计压力下的最大蒸汽释放能力被限制在一定数值之下，以限制一个安全阀意外失效或者卡在开启的位置时蒸汽不可控排放的流量及随之带来的反应堆瞬态。

2.1.3.2 大气释放阀

在每个蒸汽发生器的出口管道上主蒸汽隔离阀的上游安装有一个大气释放阀。大气释放阀为失气关的气动球阀，并且在失去压空时可通过阀门上的手轮对其进行操作。当凝汽器、循环水泵或者汽轮机旁路排放不可用时，大气释放阀可以通过将蒸汽释放到大气来对电厂进行冷却。

电厂运行期间，大气释放阀的开启是由蒸汽压力自动控制的。当蒸汽管线压力超过整定值时，大气释放阀自动开启并向大气排放。蒸汽管线压力下降时，大气释放阀自动关闭，阀门的回座压力至少比开启压力低0.069 MPa。阀门动作整定点在零负荷蒸汽压力(7.626 MPa(a))和安全阀所设置的最低整定压力(8.274 MPa(a))之间，动作整定值正常设为7.95 MPa(a)。

一个隔离阀安装在大气释放阀上游，可以在大气释放阀泄漏或卡在开启位置时提供隔离。这个上游隔离阀允许在功率运行时检修大气释放阀。

2.1.3.3 主蒸汽隔离阀

主蒸汽隔离的功能提供安全壳隔离和SG隔离。每条主蒸汽管线上安全阀的下游都有一个主蒸汽隔离阀。无论主蒸汽隔离阀的上游还是下游发生管道破裂，其都可以在5秒内关闭。

主蒸汽隔离闸阀带有活塞/气缸执行机构，活塞下部为高压液体，活塞上部为加压氮气。通常情况下，阀门靠高压液体维持在开的状态。关闭时，活塞下部的高压液体流出，而靠活塞上部的氮气使阀门关闭。

2.1.3.4 主给水隔离阀

每条主给水管线上都设有一个主给水隔离阀，其位置在安全壳外、给水调节阀下游。主给水隔离阀用于安全壳隔离，SG隔离和给水隔离。当安全壳内发生主给水管道破裂时，主给水隔离阀在5秒内关闭以限制通过破口进入安全壳的高能流体数量并限制对一次侧的冷却。

每个主给水隔离阀是一个双向楔形闸阀，阀体与系统管道焊接在一起。主给水隔离阀通过液压驱动阀门开启，通过压缩氮气的储能提供关闭能量。

2.1.3.5 主给水调节阀

主给水调节阀是气动调节阀，用于控制给水流量并提供给水系统的备用隔离。在安全壳内二次侧管道破裂事故下，主给水调节阀作为主给水隔离阀的冗余隔离，来限制流入安全壳的高能流体。主给水调节阀可以在5秒内关闭。

在正常运行时，主给水调节阀自动保持蒸汽发生器液位。正常运行时通过一个三冲量控制单元来控制主给水调节阀。三冲量控制单元采用蒸汽发生器液位作为输入信号，用于保持给水流量等于蒸汽流量，以保持蒸汽发生器液位等于程序水位。

2.1.3.6 主给水逆止阀

在安全壳外面的每条主给水管道上有一个给水逆止阀，防止在下述情况蒸汽发生器倒流至给水管道：逆止阀前的给水管道破裂或其他卸压事件，如主给水泵脱扣。

2.1.3.7 排污隔离阀

安全壳外辅助厂房中的两个阀门串联，在排污系统、RCS 系统或主蒸汽系统发生异常工况事故时，能自动隔离排污系统。阀门是气动截止阀，在丧失空气或驱动电源时关闭。

第一道隔离阀除了能为排污系统提供冗余隔离，还提供安全壳隔离功能。阀门在专设安全设施驱动信号下关闭，与安全壳内的蒸汽发生器和主蒸汽管线共同保证安全壳的完整性。隔离阀接到这些信号关闭：PRHR 启动、SG 窄量程低液位、安全壳隔离信号或排污系统异常工况时。

2.1.3.8 启动给水调节阀

启动给水调节阀为气动调节控制阀。它有调节启动给水流量和隔离启动给水系统两个功能。

在启动给水运行期间，启动给水调节阀响应电厂控制系统产生的水位信号，自动维持蒸汽发生器水位。

在安全壳内二回路管道发生破裂事件时，启动给水调节阀作为启动给水隔离阀的后备安全相关隔离，限制通过破口管道进入安全壳的高能流体量。

2.1.4 系统运行

2.1.4.1 正常运行

(1) 蒸汽发生器充水

蒸汽发生器通过启动给水泵从凝结水储存箱取水。充装的水必须满足对二次侧水化学性质的要求。

(2) 蒸汽发生器湿保养

当电站处于冷停堆状态进行检修或者换料时，SGS 系统提供一个循环流量。此时蒸汽发生器排污系统在循环模式下运行，以保持蒸汽发生器水质在化学限值以内。蒸汽发生器内的水通过排污管道提供给 BDS，并通过给水管线返回到蒸汽发生器。

(3) 电站启动加热

在电站启动前必须建立蒸汽发生器正常的液位。如果在启动前需要排水，蒸汽发生器通过 BDS 排水。

在电厂启动时，通过 FWS 系统的主给水泵流经启动给水管的模式来保持蒸汽发生器液位，将除氧器作为首选水源。如果主给水泵不是立刻可用，或者在启动时失效，则通过启动给水泵把凝结水储存箱中的水送到蒸汽发生器。如果蒸汽发生器杂质水平超过化学导则的要求，则通过将排污流量调到最大值以使杂质水平在最短时间内迅速下降到满足二回路化学运行导则的水平。

在启动阶段排污流量应该调至最大，除非只使用一台主泵加热并要求达到一个合适的升温速度时才调至一个较低的流量。但此时给水流量必须可以控制蒸汽发生器水位稳定。

在主蒸汽隔离阀打开前蒸汽发生器产生的蒸汽通过主蒸汽隔离阀旁通管线流向主蒸汽

系统，对主蒸汽隔离阀下游的蒸汽管线进行暖管。这些蒸汽也用于主蒸汽系统 MSS 相连系统的初始运行。

在电站启动期间，由于 RCS 温度上升，蒸汽发生器内的介质温度也上升，相应的引起主蒸汽压力上升。当蒸汽发生器温度达到大约 292 ℃时，二次侧暖管结束，可以开始汽轮机冲转。给水持续通过启动给水管线，控制蒸汽发生器液位满足要求。此时蒸汽发生器二次侧压力通过汽轮机旁路排放系统自动控制。汽轮机旁路排放系统置于压力控制模式，旁排阀可以自动调节以保持蒸汽母管的压力。

(4) 热备用

在热备用状态，给水通过启动给水管线持续进入蒸汽发生器。排污保持在最大流量，以使启动给水进入蒸汽发生器管嘴处的温度瞬变最小化，并保持蒸汽发生器二次侧水适当的化学性质。此时蒸汽发生器二次侧压力通过汽轮机旁路排放系统自动控制。汽轮机旁路排放系统置于压力控制模式，旁路阀可以自动调节以保持蒸汽母管的压力。

(5) 功率运行

在正常电力生产时，SGS 系统自动运行。FWS 系统将除氧器中的水运送到蒸汽发生器，然后在蒸汽发生器中产生蒸汽，并将蒸汽运送到汽轮机。排污流量被送到 BDS 系统。

此时给水控制阀自动控制蒸汽发生器液位，汽轮机旁路排放系统处于温度控制模式。蒸汽管线疏水阀受疏水箱液位自动控制。BDS 系统正常运行在自动控制模式，如果 SGS 系统隔离阀在蒸汽发生器排污隔离信号下自动关闭时，需要操纵员动作恢复排污。排污流量保持在正常和最大流量之间，取决于杂质水平。如果需要，可以增加排污流量以保持蒸汽发生器二次侧化学性质控制在化学导则之内。

(6) 通过大气释放阀进行堆芯冷却

如果凝汽器或蒸汽旁路排放阀不可用，操纵员可以通过使用 SGS 系统上的大气释放阀来进行电站冷却，将蒸汽释放到大气。

(7) 正常冷却

在功率运行转向正常冷却的过程中，首先汽轮机降负荷，然后汽轮机脱扣和反应堆停堆。此时汽轮机旁路排放系统置于压力模式运行，在这个模式下系统根据操纵员输入设置的初始和最终温度及希望的冷却速度来自动调节旁通阀门的位置。这个冷却模式将一直持续到 RNS 可以投入使用。

在最初冷却过程中，通过主给水泵持续传送给水流量既导出堆芯热量又保持蒸汽发生器的装量。给水供应到蒸汽发生器，蒸汽通过蒸汽旁路排放系统排向凝汽器，通过这种方式导出衰变热和堆芯显热。当主给水流量下降到一定程度时，蒸汽发生器供水自动从主给水管线转移到启动给水管线。排污保持在最大流量以利于给水流量的稳定控制，并使启动给水进入蒸汽发生器管嘴处的温度瞬变最小化。

(8) 蒸汽发生器冷却

在停堆运行过程中当蒸汽发生器压力小于 0.862 MPa(g)时，SGS 系统提供一个到 BDS 的流量和从 BDS 返回的通路。这个回路用于在蒸汽发生器冷却过程中提高余热导出速度，以使维修检查人员在停堆后能尽可能早地接近蒸汽发生器。

2.1.4.2 异常运行

(1) 失去一台给水泵

电厂失去一台主给水泵不会引起反应堆停堆。如果失去一台主给水泵，电厂控制逻辑会自动将反应堆和汽轮机功率降至70%。低流量报警会显示蒸汽流量不足，警告操纵员确定给水丧失的原因并采取纠正措施。电厂在无人工干预情况下可以维持稳定状况。

(2) 给水加热器停用

在给水加热器停用前，操纵员应适当减少蒸汽流量，容许电厂到达新的稳态。SGS在自动模式下运行。根据停用的给水加热器的级别，电厂可以在一定功率水平范围内运行。

(3) 过大的给水流量

由于设备/控制问题或者操纵员失误引起的SGS主给水调节阀故障，可能会导致给水流量过大。系统会向操纵员发出水位增加的报警。如果事故持续，收到蒸汽发生器高2液位触发的保护信号后，隔离主给水调节阀和隔离阀，自动终止事故。这个信号也将使反应堆停堆、汽轮机脱扣和主给水泵停泵，并发出高2警报通知操纵员发生事故。

(4) 正常给水流量丧失

反应堆功率运行时，如果正常给水流量由于任何原因丧失，持续的汽化将使蒸汽发生器水位降低，直至降低到蒸汽发生器窄量程低液位。这时，蒸汽发生器低液位信号触发反应堆紧急停堆，启动给水在蒸汽发生器低液位信号同时主给水低流量信号时启动，并发出低液位报警通知操纵员。启动给水系统和调节阀可以提供足够的流量，防止在正常给水丧失事故下启动PRHR。通过使用蒸汽发生器和凝结水储存箱，只需要一台启动给水泵系统就能从事故中恢复。持续的启动给水流量恢复并维持蒸汽发生器的液位，SGS自动运行排出衰变热。如果启动给水不能阻止蒸汽发生器水位持续下降，PRHR系统投入运行。如果凝汽器不可用，大气释放阀动作排放蒸汽，安全阀为大气释放阀不可用时的备用。正常给水流量丧失24小时之内不需要操纵员的干预，之后需要重新建立CST足够的水装量。

(5) 启动给水调节阀失效

启动给水调节阀和管道的设计符合下面条件：即使一个调节阀失效开，在主蒸汽管线破裂后，进入故障蒸汽发生器的启动给水流量满足安全壳压力/温度分析结果。启动给水泵出口的节流孔板限制了流量。

2.1.4.3 瞬态及事故工况

(1) 负荷阶跃变化

在负荷变化甚至甩满负荷期间，蒸汽发生器系统都自动运行。降负荷时处理起来较复杂，因为有更多的设备会做出响应(如汽轮机旁路或大气释放阀可能启动)。

降负荷(包括从满功率降到厂用电负荷)时，汽轮机旁路排放系统会自动运行排放多余蒸汽。RCS系统能在不紧急停堆的情况下恢复电厂平衡。在15%～100%满功率之间，电厂设计成能满足10%功率的阶跃变化，给水控制系统能自动调节以适应这样的阶跃变化，使蒸汽发生器水位不会显著偏离程序水位，也不会对给水系统产生任何重大影响。对负荷大阶跃下降，反应堆功率以可控速率下降。在甩负荷之后，蒸汽旁路排放容量和功率快速下降容量(反应堆控制棒组中的一部分完全插入)能维持反应堆在低功率下临界，汽轮发电机组能够维持厂用电负荷。

如果负荷快速下降时凝汽器不可用，SGS 系统将蒸汽排入大气。根据主蒸汽管线的上游压力，大气释放阀通过电厂控制系统自动进行调节。如果大气释放阀不可用，或者负荷变化太大，以至于大气释放阀不够排放蒸汽流，SGS 系统的弹簧加载安全阀开启，将蒸汽排放到大气中。安全阀能够以足够的蒸汽流量从蒸汽发生器排出蒸汽，使蒸汽发生器和蒸汽管道的压力不超过设计压力的 110%。如果凝汽器不可用，则主给水会切换至启动给水向蒸汽发生器供应给水。

因此，在负荷阶跃变化甚至甩满负荷工况，SGS 系统和主蒸汽系统、蒸汽排放控制逻辑、RCS 系统、主给水和启动给水控制逻辑一起自动运行。

(2) 丧失厂外电源

丧失厂外电并伴随有汽轮机脱扣事故时，反应堆紧急停堆，柴油发电机自动运行开始供电。SGS 系统与主给水和启动给水系统一起自动运行，排出反应堆衰变热，作为防止非能动余热排出系统启动的第一条防线，不需要操纵员进行干预。

反应堆停堆时，最初蒸汽发生器水位会降低。备用柴油发电机开始发电后，启动给水泵、启动给水调节阀和启动给水隔离阀，由备用柴油机供电。根据蒸汽发生器水位要求，启动给水管线结合启动给水控制逻辑向蒸汽发生器持续供应给水。启动给水在蒸汽发生器低液位信号时自动启动。在这个事故下蒸汽旁路排放系统不可用。必要时可以打开大气释放阀和主蒸汽安全阀，释放蒸汽，排出堆芯衰变热。丧失厂外电时，SGS 系统能以这种方式将电厂维持在热停堆工况或使 RCS 系统冷却到正常余热排出系统可以投入的工况。

如果启动给水泵或阀门失效，衰变热通过蒸汽释放到大气中，蒸汽发生器水装量将减少。当蒸汽发生器水位降低到 PRHR 可以投入时，PRHR 热交换器投入运行。SGS 系统向 PMS 系统和 DAS 系统提供蒸汽发生器水位信号以启动 PRHR。

(3) 给水系统管道破裂

如果主给水逆止阀上游的主给水管线破裂，逆止阀隔离了蒸汽发生器下游的回流，此瞬态在本质上如丧失给水的描述。如果主给水管线破裂发生在逆止阀下游，蒸汽发生器系统的响应如下：

如果主给水逆止阀(V058A/B)下游的破口比较大，使给水系统难以维持蒸汽发生器水位，引起的瞬态取决于破口的位置和大小。结果可能是从蒸汽发生器排出的热量减少(由于丧失给水)或增加(由于受影响的蒸汽发生器通过破口排空)。

SGS 系统对此事故的响应是：收到 PMS 的信号后隔离蒸汽发生器。收到主蒸汽隔离信号后，主蒸汽隔离阀、主蒸汽隔离阀旁路隔离阀和疏水阀都关闭，在收到蒸汽管线低压信号后大气释放阀及其隔离阀关闭。在分别收到第 1 阶段和第 2 阶段的给水隔离信号后，主给水管线冗余隔离(主给水调节阀和隔离阀)。在接收到启动给水隔离信号后，启动给水调节阀和隔离阀提供冗余隔离。在接收到蒸汽发生器低水位信号或 PRHR 启动信号后，排污阀关闭。给水管线破裂方式不同，触发隔离信号的系统参数也不同，这是因为电厂的响应随着破口尺寸和破裂时电厂的运行工况的不同而不同。

(4) 蒸汽管道破裂

蒸汽管道破裂后，蒸汽流量开始先增加，直到蒸汽压力下降。安全相关 SGS 对此的响应是蒸汽发生器自动隔离，但同时操纵员可以采取行动以降低事故的严重性。

此事故中蒸汽发生器的自动隔离过程如下：SGS 系统对 PMS 产生的专设安全信号作

出响应，关闭主给水调节阀和主给水隔离阀（专设安全信号下，FWS 系统的主给水泵同时脱扣）。蒸汽发生器低液位时启动给水系统在 RCS 冷却产生冷段低 T_{cold} 信号时隔离。安全壳高压、蒸汽管线低压、低 T_{cold} 或主蒸汽管线压力负变化率高时产生主蒸汽隔离信号。这种隔离信号关闭 SGS 系统中所有的主蒸汽隔离阀、主蒸汽隔离阀的旁路隔离阀、大气释放阀、大气释放阀的隔离阀和主蒸汽管线疏水阀。它也会关闭主蒸汽系统中的主蒸汽备用隔离阀。因此，蒸汽发生器的隔离不需要操纵员干预。

对于蒸汽管线小破口，操纵员隔离破损蒸汽管线所在环路的给水，作为第一道防线。这个措施可以减缓 RCS 冷却，防止非能动安全系统的不必要启动。如果操纵员没有采取有效动作，RCS 温度持续下降，SGS 系统会收到 PMS 来的信号，自动隔离进入两个蒸汽发生器的主给水和启动给水。然后非能动安全系统自动启动，排出衰变热。蒸汽管线小破口可以通过监测破口位置的 MSIV 区域温度高报警或安全壳参数变化而被探测到。

蒸汽管线破口较大时，SGS 按上述描述自动响应。如果破口在主蒸汽隔离阀上游，关闭任何一个主蒸汽隔离阀可防止完好回路的蒸汽发生器排空。这个措施限制了 RCS 瞬态冷却。即使一个主蒸汽隔离阀单一故障不能关闭，主蒸汽系统的各种隔离阀也能提供冗余的隔离，防止无故障回路的蒸汽发生器通过汽轮机或其他二回路系统管道排空。如果破口位于主蒸汽隔离阀的下游，那么关闭任何一个主蒸汽隔离阀（假定单一故障，两个阀门不能同时关闭），都可以将排放限制在一台蒸汽发生器装量之内。

（5）蒸汽发生器大气释放阀或主蒸汽安全阀误开/失效关

如果一个蒸汽发生器大气释放阀或主蒸汽安全阀误开，产生的蒸汽排放最初会引起蒸汽流量的增加。这是 RCS 冷却事故，实质上相当于前面所讨论的蒸汽管线破裂。蒸汽管线低压产生专设安全驱动信号，从而引起 FWS 系统中主给水部分隔离。如果 FWS 系统的启动给水投运，它将在 T_{cold} 低信号产生后隔离。蒸汽管线低压产生主蒸汽隔离信号，使 SGS 系统和 MSS 系统的蒸汽隔离阀门都关闭以实现蒸汽管线的隔离。

因此，SGS 可以自动完成蒸汽管线和蒸汽发生器的隔离而不需要操纵员的干涉。

（6）蒸汽发生器传热管破裂

SGS 系统自动响应蒸汽发生器传热管破裂事故。操纵员可以采取行动缓解事故的严重性。传热管破裂的关注点之一是故障蒸汽发生器可能满溢，导致厂外放射剂量的显著增加。AP1000 设计中整合了自动保护和非能动设计特性，可以自动终止破口流量，防止蒸汽发生器传热管破裂时满溢。这些设施包括启动 PRHR 系统、隔离上充流量和隔离启动给水。

电厂对蒸汽发生器传热管破裂事故做出响应，防止在无人干预时主蒸汽安全阀动作。收到 BDS 高放信号时，通过自动隔离蒸汽发生器排污管线来限制蒸汽发生器排污系统的放射性污染。

事故最先的显示是故障蒸汽发生器需要的给水流量减少，以及主蒸汽管线的放射性监测报警。如果丧失的反应堆冷却剂流量足够大，稳压器压力达到低压整定点，反应堆就会自动紧急停堆。

一次侧低压产生的专设安全驱动信号会隔离主给水。低给水流量或蒸汽发生器低水位信号会使启动给水系统投入运行，并根据蒸汽发生器水位程序信号自动调节给水流量，维持蒸汽发生器程序水位。因此，如果启动给水控制有效并正确运行，就可以通过完好的蒸汽发生器带出堆芯热量，尽快实现一回路的降温降压，进而可以限制故障蒸汽发生器满溢。操纵员可以采取措施，隔离故障蒸汽发生器；如果电源可用，可以使用化学和容积控制控制系统(CVS)的辅助喷淋将 RCS 的压力降到二次侧压力以下；利用启动给水泵将给水输送到完好的蒸汽发生器来排出衰变热。通过蒸汽旁路排放系统排放蒸汽。如果电源不可用，蒸汽不能向凝汽器排放，蒸汽发生器压力增加，大气释放阀自动开启将蒸汽排入大气。

如果启动给水能够连续运行，可以排出衰变热。如果由于设备或控制失效，启动给水控制发生故障，操纵员可以隔离启动给水和一次侧的化容补水，防止蒸汽发生器的满溢。但是，如果操纵员未采取措施，这些流量会在蒸汽发生器宽量程高 2 液位信号时自动隔离，防止故障蒸汽发生器满溢。

在一次侧采取的保护措施最终能使 RCS 冷却和降压，RCS 压力等于蒸汽发生器的压力时破口流量中断。安全相关动作包括启动 PRHR 系统热交换器，隔离化容泵和稳压器电加热器。启动 PRHR 系统热交换器可以将堆芯衰变热排到安全壳内换料水箱，并开始 RCS 冷却(随后进行降压)。化容泵和稳压器加热器的隔离使一次侧系统的重新增压最小化。这些措施促使一次侧压力等于二次侧压力，有效地终止一次侧向二次侧的泄漏流量。

除 PMS 自动动作外的另一条防线由多样化驱动系统提供，通过多样化指示和蒸汽发生器宽量程高水位报警以及一次侧自动卸压系统的手动启动，防止故障蒸汽发生器满溢。

当蒸汽发生器传热管破口的大小不足以触发稳压器低压停堆时，可以采用很多方法通知操纵员电厂处于不正常状态。在电厂一次侧，反应堆冷却剂泄漏监测系统在 RCS 泄漏超过技术规格限值 0.5 gal/min 时会通知操纵员。泄漏监测系统运算 RCS 质量平衡，并确定压力边界泄漏是否在限值以内。在二次侧，凝汽器抽气器的放射性监测仪测量到放射性水平增加，或蒸汽管线放射性监测仪测量到与故障蒸汽发生器相关的主蒸汽管线的放射性水平增加，或 BDS 辐射监测器测得的 BDS 放射性水平增加，都可以指示和探测泄漏。随后可以经过排污取样确认泄漏。任一指示都不会直接导致反应堆停堆，但是会通知操纵员该情况，以便保持电厂在技术规格书限值内运行。

(7) 一次侧故障

在很多的一次侧事故期间，依靠 SGS 系统对二次侧(蒸汽发生器和主蒸汽管线)进行超压保护。这些一次侧事故包括：

1) 反应堆冷却剂强制循环流量丧失；

2) 反应堆冷却剂泵轴卡死；

3) 功率运行时控制棒束单元失控抽出；

4) PRHR 误运行。

2.1.5 仪表和控制

2.1.5.1 压力测量

(1) 主蒸汽管线压力(JE-PT030～037)

每台蒸汽发生器设置有 4 个主蒸汽管线压力表，其中 2 个设置在安全壳内，2 个设置在安全壳外的主蒸汽管线上。

主蒸汽管线压力信号可以引起以下保护信号动作(四取二逻辑)：

1) 主蒸汽管线压力低信号触发安全驱动信号；

2）当运行在 P11 设定值之下时，主蒸汽管线压力负变化率高信号触发蒸汽管线隔离；

3）当运行在 P11 设定值之上时，主蒸汽管线压力低信号触发蒸汽管线隔离；

4）大气释放阀及其隔离阀关闭。主蒸汽管线压力低信号触发大气释放阀及其隔离阀关闭。

主蒸汽管线压力信号提供以下系统或设备的控制功能：

1）蒸汽旁路排放阀；

2）大气释放阀；

3）稳态工况时的热功率测量；

4）主给水控制阀；

5）启动给水控制阀。

（2）主给水管线压力(JE-PT062，PT063)

每条主给水管线上设置有一个主给水管线压力计，它用于在主控室和远程停堆站显示。

2.1.5.2 流量测量

（1）主蒸汽管线流量(JE-FT020～025)

每条主蒸汽管线上设有 3 个主蒸汽管线差压流量计，它们主要用于参与控制蒸汽发生器水位。

（2）启动给水流量测量[(JE-FE055，FT055A～055E)&(JE-FE056，FT056A～056E)]

每条启动给水管线上设有 2 个安全相关的差压流量计，3 个非安全相关的差压流量计。它们用于以下保护功能：在蒸汽发生器窄量程水位低，同时启动给水流量低的情况下，启动 PRHR。

用于以下控制功能：启动给水流量控制。

2.1.5.3 水位测量

（1）蒸汽发生器窄量程水位(JE-LT001～008)

每台蒸汽发生器有 4 个窄量程差压水位计，它们用于以下保护功能(四取二逻辑)：

1）任一蒸汽发生器窄量程水位低或任一蒸汽发生器窄量程水位高 2 触发反应堆紧急停堆；

2）任一蒸汽发生器窄量程水位高 2 触发汽轮机紧急停机；

3）任一蒸汽发生器窄量程水位高 2 触发给水隔离；

4）任一蒸汽发生器窄量程水位高 2 触发化容系统隔离；

5）在蒸汽发生器窄量程水位低，同时启动给水流量低的情况下，启动 PRHR；

6）任一蒸汽发生器窄量程水位低触发排污管线隔离。

它们用于以下控制功能：

1）主给水流量控制；

2）启动给水流量控制。

（2）蒸汽发生器宽量程水位(JE-LT011～018)

每台蒸汽发生器有 4 个宽量程差压水位计，它们用于以下保护功能(四取二逻辑)：

1）任一蒸汽发生器宽量程水位低触发 PRHR 启动；

2）热管段温度高与蒸汽发生器宽量程水位低信号符合后触发 CMT 启动信号；

3）热管段温度高与蒸汽发生器宽量程水位低信号符合后触发主泵停运信号；

4）任一蒸汽发生器宽量程水位低触发排污管线隔离。

它们用于以下控制功能：

1）主给水流量控制；

2）启动给水流量控制。

(3) 蒸汽发生器水位 DAS 信号(JE-LT044～047)

每台蒸汽发生器设有两个蒸汽发生器宽量程水位计，用于向 DAS 系统提供输入信号。当蒸汽发生器宽量程液位低时，DAS 系统自动触发反应堆停堆、汽轮机停机，非能动余热排出系统启动，所有主泵跳闸及 CMT 投运。

(4) 蒸汽管线疏水罐水位(JE-LT071～072)

在每一个蒸汽管线疏水罐上设有一个水位计，用于控制疏水阀的开启或关闭。

2.1.5.4 温度测量

(1) 主给水温度(JE-TE060，TE061，TE066，TE067)

每条主给水管道上设有两个主给水温度计，用于主给水流量控制和稳态工况时的热功率测量。

(2) 蒸汽发生器壳侧金属温度(JE-TE064，TE065)

每个蒸汽发生器壳侧设有一个金属温度计，用于在主控室显示。

2.1.5.5 辐射监测测量

(1) 主蒸汽管线惰性气体放射性监测器(JE-RE026A，RE027A)

每条主蒸汽管线上设有一个非安全相关的惰性气体放射性监测器，用于对各自的主蒸汽管线中的放射性物质连续监测和记录，并可在主控室和远程停堆站显示和生成报警。

(2) 主蒸汽管线^{16}N放射性监测器(JE-RE026B，RE027B)

每条主蒸汽管线上设有一个非安全相关的^{16}N放射性监测器，用于对各自的主蒸汽管线中的放射性氮气连续监测和记录，并可在主控室和远程停堆站显示和生成报警。

2.1.6 技术参数

技术参数见表 2-1-1。

表 2-1-1 技术参数

技术参数	
蒸汽流量	3.4×10^6 kg/h/SG
总蒸汽流量	6.795×10^6 kg/h
主给水温度	227 ℃
蒸汽出口压力	5.612 MPa(a)
蒸汽出口温度	271.2 ℃
设计压力	8.274 MPa(a)
设计温度	316 ℃

续表

安全阀		
数量	6个/SG	
阀门编号	阀门压力设定值/(MPa(g))	阀门排放能力/(kg/h)
V030A(B)	8.170	594 000
V031A(B)	8.246	599 000
V032A(B)	8.329	608 000
V033A(B)	8.405	612 000
V034A(B)	8.485	617 000
V035A(B)	8.563	621 000
大气释放阀		
数量	1个/SG	
大气释放阀排放流量		
最大	4.63×10^5 kg/h/SG(8.274 MPa(a))	
最小	3.2×10^4 kg/h/SG(0.689 MPa(a))	
最大降温速率	56 ℃/h	

2.2 主蒸汽系统(MSS)

2.2.1 系统功能

主蒸汽系统执行如下功能:

(1) 将主蒸汽从蒸汽发生器送到汽轮机高压缸(HP)和汽水分离再热器(MSR)。

(2) 为轴封蒸汽供应系统(GSS)提供蒸汽。

(3) 为辅助蒸汽供应系统(ASS)提供蒸汽。

(4) 为汽轮机旁路排放系统(TBS)提供蒸汽。

2.2.2 系统描述

主蒸汽系统包括从蒸汽发生器出口蒸汽管道(NI/CI交界处)到主汽阀之间的主蒸汽管道以及与连接到汽轮机上的主蒸汽管道相连的设备和管道。

在主蒸汽隔离阀下游,每条主蒸汽管线通过各自的主汽阀和主调阀蒸汽阀组将主蒸汽送到汽轮机。主蒸汽从蒸汽母管分别送到MSR的二级加热管束、轴封系统、辅助蒸汽供应系统和汽轮机旁路排放系统。主汽轮机蒸汽管道的疏水流入凝汽器。

在机组启动、热停堆、冷却和发电机甩负荷期间,汽轮机旁路排放系统以一种可控的方式将主蒸汽从蒸汽发生器直接排入凝汽器从而带出热量和减少对反应堆冷却剂系统的瞬时影响。

关于主蒸汽疏水要考虑以下这些情况:

(1) 主蒸汽管道上的每个低点都应设置疏水，因为在机组启动停机或正常运行中这些地方都会积水。

(2) 主蒸汽管道上的疏水点应尽量少。

(3) 每个主汽阀前应设置低点疏水。

(4) 疏水管走向只能向下，水平段管道应有一定斜度，最小 0.01。

(5) 主蒸汽疏水排向凝汽器，并在进入凝汽器前进行汽化。

(6) 所有的主蒸汽管道的疏水管线和阀门口径的直径不小于 25 mm，以减少被外物堵塞的危险。

(7) 疏水系统不能使用存水弯，除非与全自动疏水系统冗余装置一起使用。

(8) 主蒸汽的疏水不能与汽轮机阀的疏水母管相连。

2.2.3　主要设备

主蒸汽管道用于输送来自蒸汽发生器的蒸汽。一部分的主蒸汽被送入 MSR 和汽轮机轴封，余下的蒸汽为汽轮机所用（如图 2-2-1 所示）。

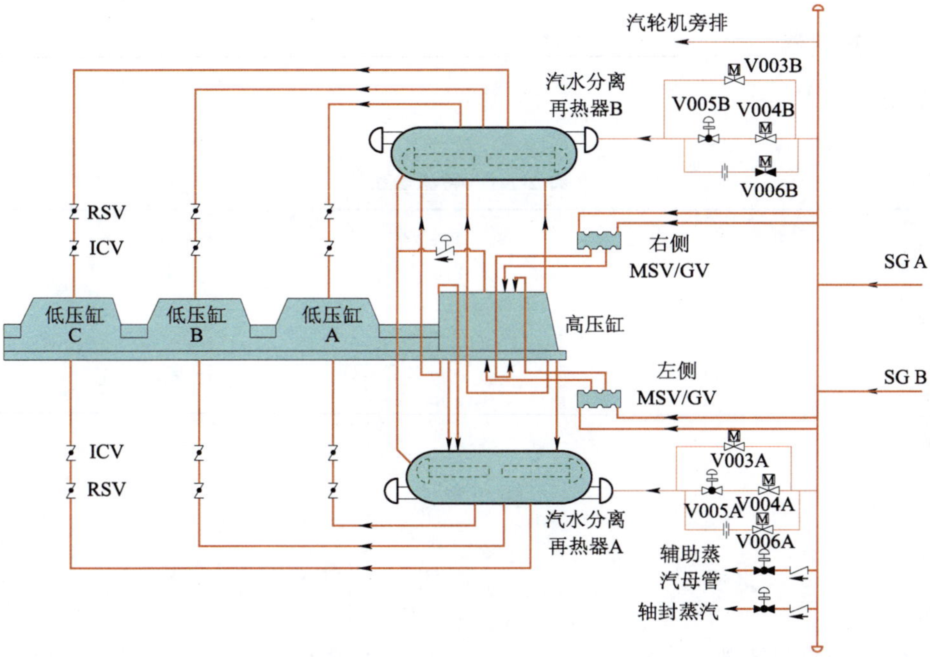

图 2-2-1　MSS 系统流程简图

每条主蒸汽管线在分别进入主汽阀之前被连接到一个主蒸汽母管上。这种布置平衡了进入主汽阀的流量和压力。低点疏水用来收集和排放疏水并且降低了将水带入高压缸和低压缸的可能性。

主蒸汽管道布置应尽量减少 90°弯头、斜接缝等。主蒸汽管道按静载荷下的水实体载荷设计，这种载荷状况会在电厂运行中遇到。另外必须考虑到各种工况下管道的膨胀。还必须设计一些管道的销接悬挂，在管道进行静水压试验时可以方便地支撑管道的自重。

主要相关系统有 SGS,ASS,SRS,TBS,TDS 和 GSS 等系统。

2.2.4 系统运行

在正常功率运行期间,主蒸汽系统向主汽轮机系统提供蒸汽以满足其需求。主蒸汽系统还向辅助蒸汽供应系统提供所需蒸汽,以及向汽水分离再热器提供所需加热蒸汽。主蒸汽系统同样还向汽轮机轴封系统提供蒸汽。

2.2.5 仪表和控制

用于汽轮机控制的三个压力变送器(PT034A,B,C)和用于核岛侧的四个压力变送器(PT034D,E,F,G)用来测量汽轮机第一级蒸汽压力。汽轮机第一级蒸汽压力信号与汽轮发电机组的输出功率是等效的。

汽轮机第一级蒸汽压力信号比其反馈回来的兆瓦信号要好。因此,在电厂运行期间当进行主调阀(MTS-PV-02A,B,C,D)平稳关闭试验的时候,这些压力信号用来作为汽轮机负荷控制的反馈控制。此外,汽轮机第一级压力信号与汽轮机负荷是等效的,这些压力信号还被用作汽水分离再热器的控制和主给水泵前置泵的净正吸入压头的控制。

2.2.6 技术参数

技术参数见表 2-2-1。

表 2-2-1 技术参数

新蒸汽压力	5.53 MPa(a)
新蒸汽温度	270.3 ℃
新蒸汽湿度	0.36%
主蒸汽流量	1 889 kg/s
高压缸入口蒸汽流量	1 834 kg/s
主蒸汽管道设计压力	8.27 MPa(a)
主蒸汽管道设计温度	316 ℃
公称尺寸和壁厚	1 016A/t51.8 (从蒸汽发生器至蒸汽母管)
	711A/t34(从蒸汽母管至汽轮机)
管道材料	ASTM A672 C70
主蒸汽管道流速(NI/CI 接口处)	51 m/s(满负荷正常工况)
主汽阀前主蒸汽湿度目标值	小于 0.5%

2.3 汽水分离再热器系统(SRS)

2.3.1 系统功能

为了防止汽轮机叶片腐蚀和提高电厂效率，汽水分离再热器(MSR)通过自身的分离器对汽轮机高压缸排汽进行除湿，然后又通过自身的加热器对除湿后的蒸汽进行加热。为了提高加热效率，MSR具有一级再热器和二级再热器的两级结构，其加热汽源分别来自高压缸抽汽和主蒸汽，通过两级再热后其出口蒸汽成为过热蒸汽。

2.3.2 系统描述

2.3.2.1 再热原理

再热循环是对朗肯循环的适当改进。新蒸汽在高压缸膨胀到某一中间压力后，从高压缸排出到特设的再热装置(MSR)，使之再加热，然后再进入低压缸膨胀做功。在这个加热系统中，加热蒸汽为主蒸汽和高压缸抽汽。疏水被排到各自的疏水罐中。

再热循环有下列两个优点：

(1) 采用再热循环，对应同一背压条件下，干度提高，避免了对低压缸的不利影响。

(2) 再热循环入口(高压缸排汽)压力较高时，还将提高汽轮机组总效率。

2.3.2.2 系统配置

SRS系统中共有两台MSR，每台MSR有两个一级再热器、两个二级再热器、一个汽水分离器。每台MSR有两个一级再热器疏水箱、两个二级再热器疏水箱，一台MS壳体疏水箱、一台MS壳体疏水泵(参见HDS系统)。

根据MSR的运行方式调节再热控制阀后主蒸汽的压力以控制再热蒸汽的压力和温度。当电厂负荷增加的时候主蒸汽的压力是线性降低的。MSR二级加热蒸汽由主蒸汽来提供。MSR一级加热蒸汽由高压缸抽汽来提供，图2-3-1所示。

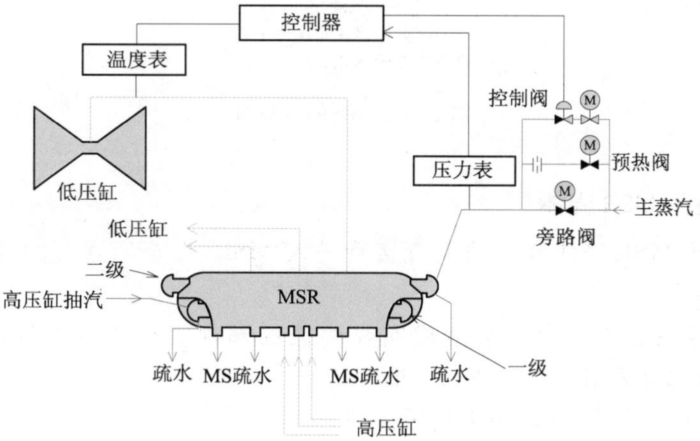

图 2-3-1 SRS系统流程示意图

在MSR的二级加热蒸汽管道上布置了隔离阀、气动控制阀和旁路阀。控制阀的功能是防止进入低压缸的再热蒸汽产生过大的温度变化。在MSR的一级加热管道上布置了手动隔离阀和气动逆止阀以防止疏水倒流闪蒸而引起汽轮机超速。

主要相关系统有MSS,CAS,TES,MTS和HDS等系统。

2.3.3 主要设备

2.3.3.1 MSR结构

MSR由如下三部分组成(如图2-3-2所示):

(1) MSR壳体——水平圆筒,三球面焊接封头。

(2) 两级再热器——由一级再热器管束和二级再热器管束组成,以加热蒸汽。

(3) 汽水分离器——由八排波纹板组成,以除去高压缸排汽的水分。

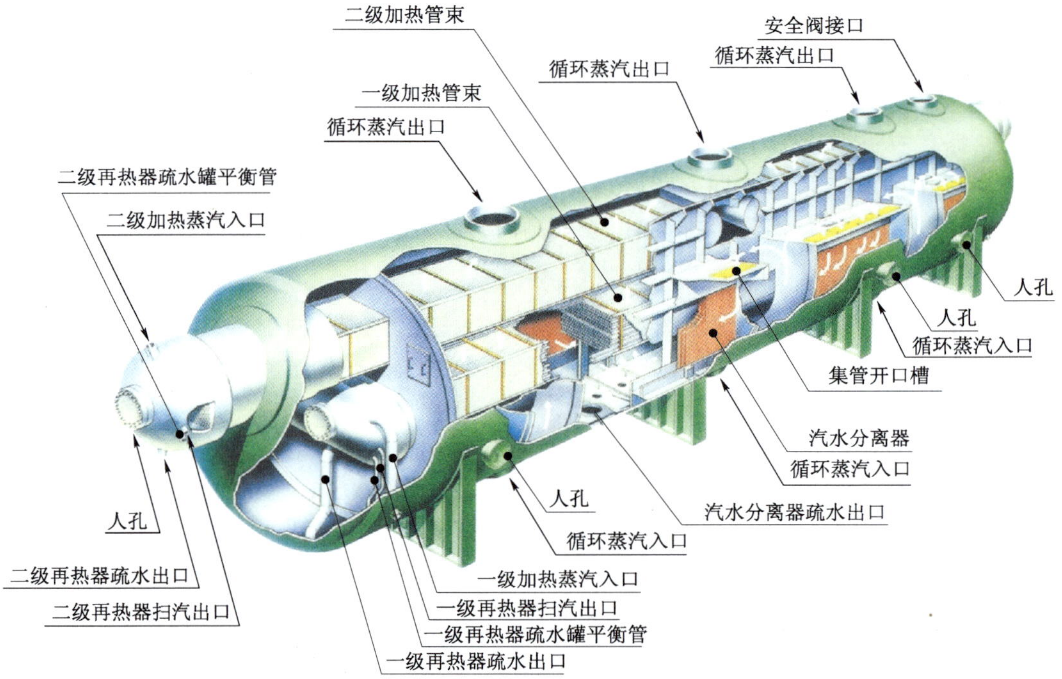

图2-3-2 MSR结构图

2.3.3.2 蒸汽进入MSR壳体

(1) 湿蒸汽从MSR壳体底部的入口接管进入MSR,先至半圆形的冲击盘,再至集管盘,被分布于壳体内。

(2) 对于暴露在湿蒸汽中并会造成明显腐蚀的部件需采用耐腐蚀材料。也可以在MSR湿蒸汽入口部分采用一层不锈钢衬里。

(3) MSR上有8个安全阀,用于超压保护。

2.3.3.3　汽水分离器

(1) 当分布开的蒸汽进入波纹板组件，水分被分离出来并以疏水的形式排走。通过汽水分离器后，蒸汽接近于干蒸汽，并向上进入再热器管束。

(2) 再热器管束入口的蒸汽湿度不超过 0.25%。

(3) 被分离的水分从分离器下面的疏水孔流入 MSR 壳体疏水罐。

2.3.3.4　再热器

两级再热器由两个一级再热器管束和两个二级再热器管束组成。再热器为 U 形管带翅片和一个半球形水室，与高加相似。加热管焊在管板上。过热蒸汽通过壳体上部的出口送至低压缸。加热蒸汽为主蒸汽和高压缸抽汽，疏水排至每级的疏水罐中。加热管为铁素体不锈钢。

2.3.3.5　阀门

在启动和停运期间汽轮机低压缸入口的蒸汽控制是通过 MSR 的二级加热器来实现的。这个控制过程是通过 MSR 二级加热蒸汽控制阀、预热阀和旁路阀来实现的。一级加热器仅仅装设了手动阀。另外在一级再热器入口的上游安装了一个气动逆止阀用以防止水的进入。

2.3.4　系统运行

2.3.4.1　正常运行

在凝汽器抽真空开始运行和汽轮机复位后，MSR 二级排气旁路阀和 MSR 预热阀就会打开。冷启动模式下的路径为“A→B→C→D→E→F”，见图 2-3-3。

当进行冷启动时，汽轮机复位后 MSR 的二级预热阀就会打开，并且有少量的蒸汽进入 MSR，用于预热和吹扫不凝性气体。

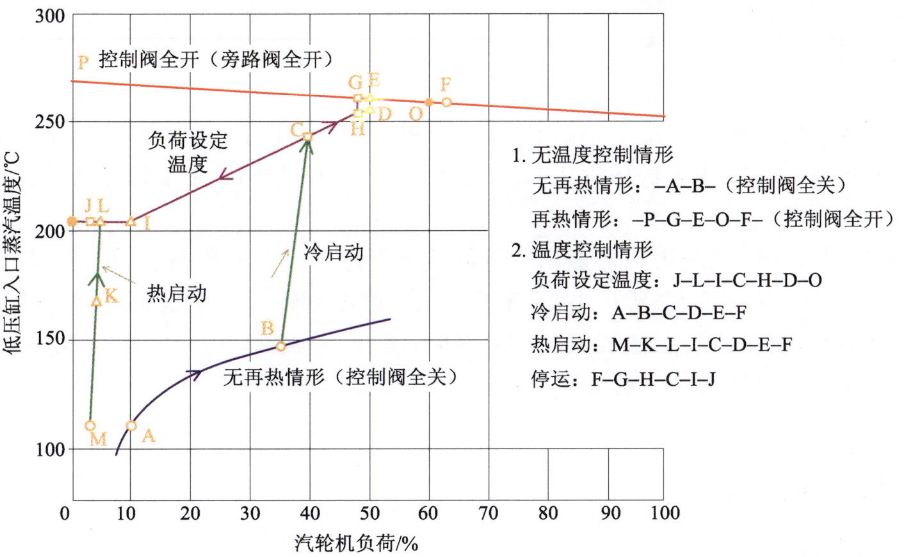

图 2-3-3　MSR 运行图

在超过35%的负荷后，MSR二级加热蒸汽控制阀就逐渐地打开以控制低压缸入口蒸汽温度。温度控制在50%负荷的时候完成，并且控制阀达到全开。

在温度控制完成以后，控制阀的电动旁路阀就打开以减小加热蒸汽管线的压降和增加低压缸的入口温度。

热启动模式下的路径为“M→K→L→I→C→D→E→F”，停运的路径为“F→G→H→C→I→J”，见图2-3-3。

对于一级加热蒸汽，抽汽逆止阀在20%负荷时开启，此外不进行温度控制，其流量和蒸汽品质取决于MSR和高压缸的热量和质量平衡。

2.3.4.2 瞬态及事故工况

当汽轮机跳闸后，通过关闭MSR二级加热蒸汽控制阀入口阀和它的旁路阀，将MSR的二级加热蒸汽隔离。

当汽轮机负荷小于10%的时候，预热阀保持关闭。当汽轮机负荷升高至超过10%时，预热阀全开直到负荷达到35%。当负荷超过35%时，预热阀关闭并且控制阀逐渐打开。

2.3.4.3 异常运行

下列特殊运行工况可以被接受：

(1) 一个MSR的一级再热器退出运行；

(2) 一个MSR的二级再热器退出运行；

(3) 一个MSR的一级再热器和二级再热器退出运行。

在这些运行工况，发电机侧和调门侧的加热蒸汽管线都应被隔离。对于一级加热器来说就是手动隔离阀SRS-PL-V002A或V002B；对于二级加热器就是电动阀MSS-PL-V003A或V003B和MSS-PL-V004A或V004B。

2.3.4.4 注意事项

(1) 一级再热器退出运行

MSR任一列或两列一级加热器都退出运行，机组可以在额定负荷工况下连续运行并且没有限制条件。

(2) 二级再热器退出运行

机组可以在额定负荷工况下进行短期的MSR的维修工作，例如一到两周的加热器传热管泄漏的维修。为了避免低压缸入口温差的产生，两个MSR的二级再热器必须同时退出运行。

然而，如果机组在二级再热器退出运行的情况下运行超过两周，机组负荷必须降至额定出力的65%以下。在这种情况下，由于低压缸入口温度的降低会引起低压缸末级叶片处水分的增加，因此长期的运行会造成低压缸末级叶片的严重腐蚀。

(3) 一级和二级加热器都退出运行

运行限制同(2)。

2.3.5 仪表和控制

2.3.5.1 压力表

(1) MSR二级加热蒸汽压力(MSS-JE-PT051，PT066)

每个 MSR 二级加热蒸汽管道上有一个压力变送器用来测量加热蒸汽的压力。这个压力变送器用来控制低压缸入口蒸汽的温度。MSR 二级加热蒸汽的压力用作 MSR 的控制。这些信号用来保持低压缸入口蒸汽温度在一个正常值。

(2) 冷再热蒸汽压力(MSS-JE-PT039,PT041,PT046)

高压缸(MTS-MG-01)排汽口有三个压力变送器用以测量高压缸排汽的压力。高压缸排汽压力与汽轮发电机组的输出功率是成正比的,因此,这些信号用于 MSR 的控制。

(3) 热再热蒸汽压力(MSS-JE-PT086,PT094)

每个 MSR 的热再热蒸汽出口都有一个压力变送器用于测量热再热蒸汽的压力。所有压力变送器的信号可以从主控室读出。在电厂运行期间操纵员可以对热再热蒸汽的压力进行周期性监视。

(4) 低压缸入口蒸汽压力(MSS-JE-PT100,PT120,PT140)

每个低压缸入口都装有一个压力变送器用于监测实际的入口蒸汽压力。

2.3.5.2 温度计

(1) 热再热蒸汽温度(MSS-JE-TE081,TE083,TE085,TE089,TE091,TE093)

每个 MSR 出口都有三个热电偶温度计用来测量热再热蒸汽的温度。

(2) MSR 一级再热器出口蒸汽温度(JE-TE007,TE008,TE013,TE014)

每个 MSR 的一级再热器都由两个管束组成。每个一级再热器出口都有一个温度计用来测量一级再热器出口蒸汽的温度。所有温度计的信号可以从主控室读出。在电厂运行期间操纵员对这些信号进行周期性地监视。

(3) MSR 一级加热蒸汽温度(JE-TE004,TE006,TE010,TE012)

每个 MSR 一级加热蒸汽入口管道都设有一个热电偶温度计用来测量加热蒸汽的温度。每个 MSR 具有两个一级加热蒸汽的入口管道。所有温度计的信号可以从主控室读出。在电厂运行期间操纵员对这些信号进行周期性地监视。

(4) MSR 二级加热蒸汽温度(MSS-JE-TE053,TE055,TE068,TE070)

每个 MSR 二级加热蒸汽入口管道都设有一个热电偶温度计用来测量加热蒸汽的温度。每个 MSR 具有两个二级加热蒸汽的入口管道。所有温度计的信号可以从主控室读出。在电厂运行期间操纵员对这些信号进行周期性地监视。

(5) MSR 入口冷再热蒸汽温度(MSS-JE-TE064,TE078)

每个 MSR 入口都有一个热电偶用来测量冷再热蒸汽的温度。MSR 入口蒸汽的温度就是从高压缸进入 MSR 的循环蒸汽的温度。所有温度计的信号可以从主控室读出。在电厂运行期间操纵员对这些信号进行周期性地监视。

(6) 低压缸入口蒸汽温度(MSS-JE-TE103,TE123,TE143)

每个低压缸(MTS-MG-02A/B/C)入口都有一个热电偶用来测量入口蒸汽温度。这个温度值被反馈到 MSR 二级加热蒸汽控制阀(MSS-PL-V005A/B)。

(7) 低压缸入口金属温度(MSS-JE-TE102,TE122,TE142)

每个低压缸入口都有一个热电偶用来测量入口金属温度。这个温度值同样会被反馈到 MSR 二级加热蒸汽控制阀(MSS-PL-V005A/B)。

2.3.5.3 流量计

(1) MSR 二级加热蒸汽流量(MSS-JE-FT050,FT065)

每个 MSR 二级加热蒸汽管道都装有一个流量计和一个变送器用来测量 MSR 二级加热蒸汽流量。流量变送器位于温度控制阀(MSS-PL-V005A/B)的上游用于温度控制。二级加热蒸汽来自新蒸汽。所有这些流量信号都可以从主控室读出。在电厂运行期间操纵员可以对每个 MSR 的二级加热蒸汽流量进行周期性地监视。

2.3.5.4 阀门控制

(1) MSR 二级加热蒸汽控制阀(MSS-PL-005A/B)

每个 MSR 二级加热蒸汽管道都有一个控制阀用作低压缸入口蒸汽温度(MSS-JE-TE013,TE123,TE143)的控制。总的来说,从响应的方面看,压力信号比温度信号要快一些。因此,MSR 二级加热蒸汽压力(MSS-JE-PT051,PT066)用作 MSR 的控制。控制阀自动控制 MSR 二级加热蒸汽的压力。

(2) MSR 二级加热蒸汽温度控制阀的旁路阀(MSS-PL-V003A/B)/MSR 二级预热阀(MSS-PL-V006A/B)

MSR 二级加热蒸汽管道上与 MSR 二级加热蒸汽控制阀并行布置有两个电动阀。一个是 MSR 二级加热蒸汽旁路阀,当汽轮发电机组负荷超过 50%后这些阀门就会自动打开。另外一个是 MSR 二级预热阀,在低负荷运行时这个阀门会自动打开用于预热 MSR 二级再热管束,然后在 MSR 二级加热蒸汽控制阀起作用后,这个阀门就会自动关闭。

2.3.6 技术参数

技术参数见表 2-3-1。

表 2-3-1 技术参数

汽水分离再热器		一级再热器	
MSR 型式	两级,双程、表面式,翅片管	再热蒸汽流量	45.06(kg/s)/壳体
MSR 数量	2 台/机组	再热蒸汽平均焓值	2 691.7 kJ/kg
再热蒸汽入/出口温度	178.6/257.0 ℃	管束数量/壳体	2
再热蒸汽总压降	约 39 kPa	端差	9.3 ℃
超压保护型式	安全阀	二级再热器	
再热级数	两级	二级再热蒸汽流量	25.37(kg/s)/壳体
汽水分离器		再热蒸汽平均焓值	2 783.7 kJ/kg
汽水分离器除湿装置类型	人字形叶片	管束数量/壳体	2
汽水分离器除湿效率	98%	端差	9.3 ℃

2.4 汽轮机旁路排放系统(TBS)

2.4.1 系统功能

机组正常运行工况(包括启动和停机)和非正常瞬态(汽轮机跳闸、阶跃降负荷)时提供主蒸汽旁路排放。

2.4.2 系统描述

有六个旁排控制阀将主蒸汽排入凝汽器。每个凝汽器与两个旁排控制阀相连接，如图2-4-1所示。

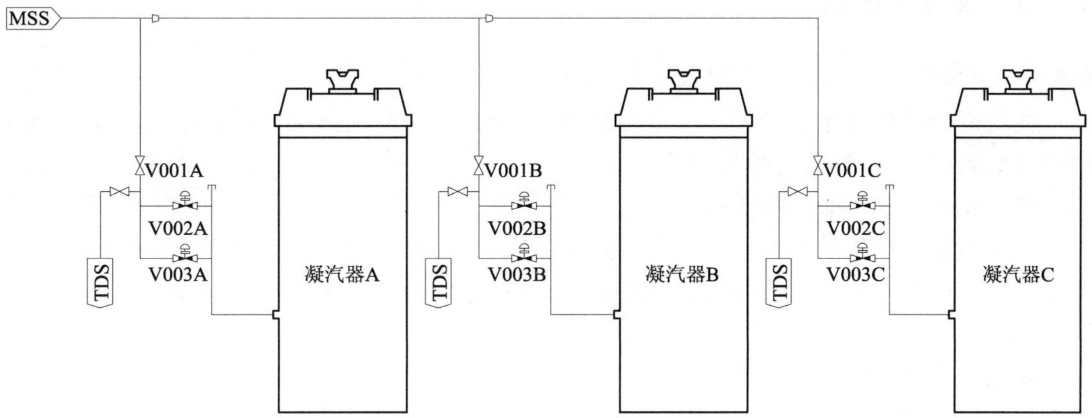

图 2-4-1 TBS系统流程简图

汽轮机旁路排放系统应有足够的容量和瞬态响应能力，使得发电机并网时反应堆不会因蒸汽发生器水位而导致停堆。TBS系统应有足够的容量和瞬态响应能力，使得反应堆的自动控制可以稳定地运行，并且电厂可以手动控制冷却至余热排出系统可以投入。

主要相关系统有MSS，CAS和CDS等系统。

2.4.3 主要设备

汽轮机旁排阀是弹簧加载式的气动操作阀。一个定位器对控制系统来的信号进行转换并为阀门执行机构提供一个合适的空气压力来调节阀门的开度。在失气或者没有电气信号的时候处于关闭的位置。

电磁阀位于向旁排阀执行机构供气的管线上。并且它作为一种保护联锁来控制旁排阀的开闭。如果位于电磁阀和薄膜执行机构之间的空气管线失效，那么由于弹簧力的存在阀门仍将处于关闭的位置。

2.4.4 系统运行

TBS系统容量设计为可以排放40%的额定蒸汽流量。与反应堆功率控制系统配合，这个排放容量足以适应以下三种情况从而实现在任何功率水平下不发生反应堆紧急停堆：在小于或等于50%额定功率下汽轮机紧急停机；相当于50%额定功率或以下的阶跃降负荷；在大于50%功率情况下发生汽轮机紧急停机或相当于大于50%阶跃甩负荷时，蒸汽排放与反应堆快速降功率协同动作来满足上述性能。

TBS系统有两个主要运行模式：

(1) 温度模式用测得的主回路平均温度 T_{avg} 与由汽轮机第一级冲动级压力推导得出的参考温度 T_{ref} 产生一个蒸汽排放需求信号。这种模式主要用于工作瞬态需要蒸汽排放的情况，例如，甩负荷、汽轮机紧急停机（用甩负荷 T_{avg} 模式）和反应堆紧急停堆（用电厂事故停堆 T_{avg} 模式）。

（2）压力模式使用蒸汽母管压力与整定值之间的差值产生的蒸汽排放需求信号。这种模式用于低功率情况（直到汽轮机同步运行）和电厂冷却。

2.4.5 仪表和控制

2.4.5.1 控制

汽轮机旁路排放系统设置了三个控制器，分别是甩负荷蒸汽排放控制器，电厂停堆蒸汽排放控制器，蒸汽母管压力控制器。

（1）甩负荷蒸汽排放控制器

甩负荷蒸汽排放控制器防止随着突然性的大幅度降负荷而引起的反应堆冷却剂温度大幅度上升。误差信号是超前/滞后补偿的 T_{avg} 和根据汽轮机冲动级压力计算得到的参考温度 T_{ref} 之差。

在甩负荷导致的汽轮机快速降功率时，如果反应堆功率与汽轮机负荷匹配，并且温度误差在控制棒调节能力范围内，将终止蒸汽排放。汽轮机紧急停机或电网解列时，结束蒸汽排放调节，以适应控制棒将核功率降到 15%的负荷左右。在这点上，控制棒停止插入，电厂稳定在准备汽轮机/发电机重新投入工作和/或电网同步的状态，此时蒸汽排放部分打开。

（2）电厂停堆蒸汽排放控制器

随着反应堆紧急停堆，甩负荷蒸汽排放控制器失效，电厂停堆蒸汽排放控制器开始工作。因为在这种情况下控制棒不可用，蒸汽排放的需求信号是超前/滞后补偿高选温度 T_{avg} 和无负荷参考温度 T_{ref} 之间的误差信号。当误差信号超过整定值时，蒸汽排放阀按规定顺序开启。当误差信号大幅减少时，表明 RCS 的 T_{avg} 正在向无负荷参考温度 T_{ref} 接近，排放阀由电厂停堆控制器调节。这样调整衰变热的排出速率并建立平衡热停堆状态。

（3）蒸汽母管压力控制器

在热备用和余热排出系统接通之前的余热排出由蒸汽母管压力控制器维持。这个控制器用蒸汽母管压力和压力整定值的差值来控制到凝汽器的蒸汽流量。复位动作用于消除稳态误差。该控制器与甩负荷控制器和电厂停堆控制器使用同样的蒸汽旁排阀。蒸汽母管压力控制模式由操纵员手动选择。压力整定值由操纵员根据期望的反应堆冷却剂系统温度手动调整。此外，控制器有一个特点，它允许电厂以一个选定速率（额定范围内）控制降温。操纵员可以输入期望的冷却速率和期望的反应堆冷却剂系统的温度。然后，控制系统根据选定的冷却速率排放蒸汽，并停在目标整定值上。

2.4.5.2 联锁

为了防止在小负荷扰动时启动蒸汽排放，设置了一个独立的甩负荷敏感电路。该电路用于监测汽轮机降负荷速率。当甩负荷速率超过预设值时，甩负荷敏感电路解锁排放阀。这个预设值相当于 10%的阶跃降负荷或负荷线性降低量大于每分钟 5%。

蒸汽发生器宽量程低水位时，蒸汽排放系统阀门也接收关闭信号。在宽量程低水位时，隔离蒸汽排放可以提高电厂应付预期瞬态事故的能力，且不发生反应堆快速停堆事故。

凝汽器可用必须满足三个条件：一是凝汽器的压力（2/2 逻辑）要小于－66.7 kPa(g)，

这是通过连接在凝汽器上的两个压力开关来实现的；第二个是至少要有一台循环水泵在运行；第三个是至少有一台凝结水泵在运行。只有这三个条件同时满足了，一个凝汽器可用的信号才被建立。凝汽器不可用时，蒸汽排放将被闭锁。

另外，一回路 T_{avg} 低 2(2/4 逻辑)将闭锁蒸汽排放。

2.4.6　技术参数

技术参数见表 2-4-1。

表 2-4-1　技术参数

数量	6
设计压力	8.27 MPa(a)
设计温度	316 ℃
设计流速	126(kg/s)/阀门
单个阀门最大流量	235.62(kg/s)/阀门(在 8.274 MPa(g))
总排放流量	756 kg/s(在 6.36 MPa(g))
运行方式	气动、具有调节功能
快开时间	3 s
快关时间	5 s
调节时全行程时间	20 s

2.5　汽轮机抽汽系统(TES)

2.5.1　系统功能

在电厂正常运行期间，汽轮机抽汽系统从汽轮机各级后抽取部分做功的蒸汽供给凝结水系统(CDS)、主给水和启动给水系统(FWS)的回热加热器，加热凝结水和主给水。

2.5.2　系统描述

(1) 抽汽输送

抽汽系统包括从汽轮机抽汽接管到给水加热器的壳侧入口接管之间的设备、管道、阀门及仪表等。电厂采用 7 级给水回热循环，其中包括 4 级低压给水加热器，1 个除氧器，以及 2 级高压给水加热器，如图 2-5-1 和 2-5-2 所示。

第一抽汽点是从汽轮机高压缸 4 级后抽汽供给 7 号高压给水加热器，如图 2-5-3 所示。第二抽汽点是从汽轮机高压缸 7 级后抽汽供给 6 号高压给水加热器。第三抽汽点是从冷再热蒸汽(进入汽水分离再热器前的高压缸排汽)管道抽汽供给除氧器。

第四、五、六、七抽汽点是从汽轮机低压缸 3 级，5 级，7 级和 8 级后抽汽供给 4 号，3 号，2 号和 1 号低压给水加热器。

其中 1 号和 2 号低加布置在凝汽器喉部。每个 1 号低加有 4 条抽汽管线，每个 2 号低加有 2 条抽汽管线。

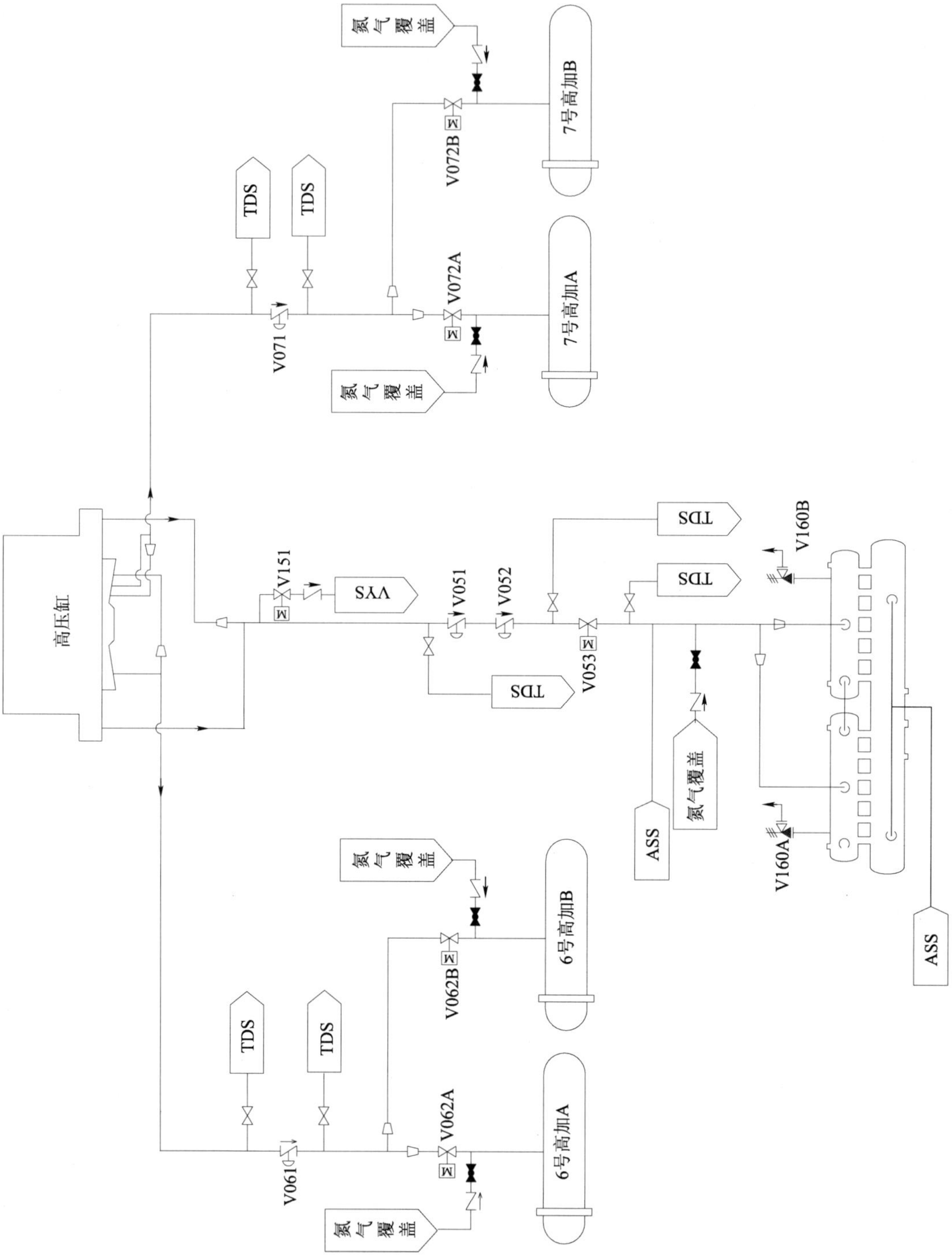

图 2-5-1　TES系统流程简图（一）

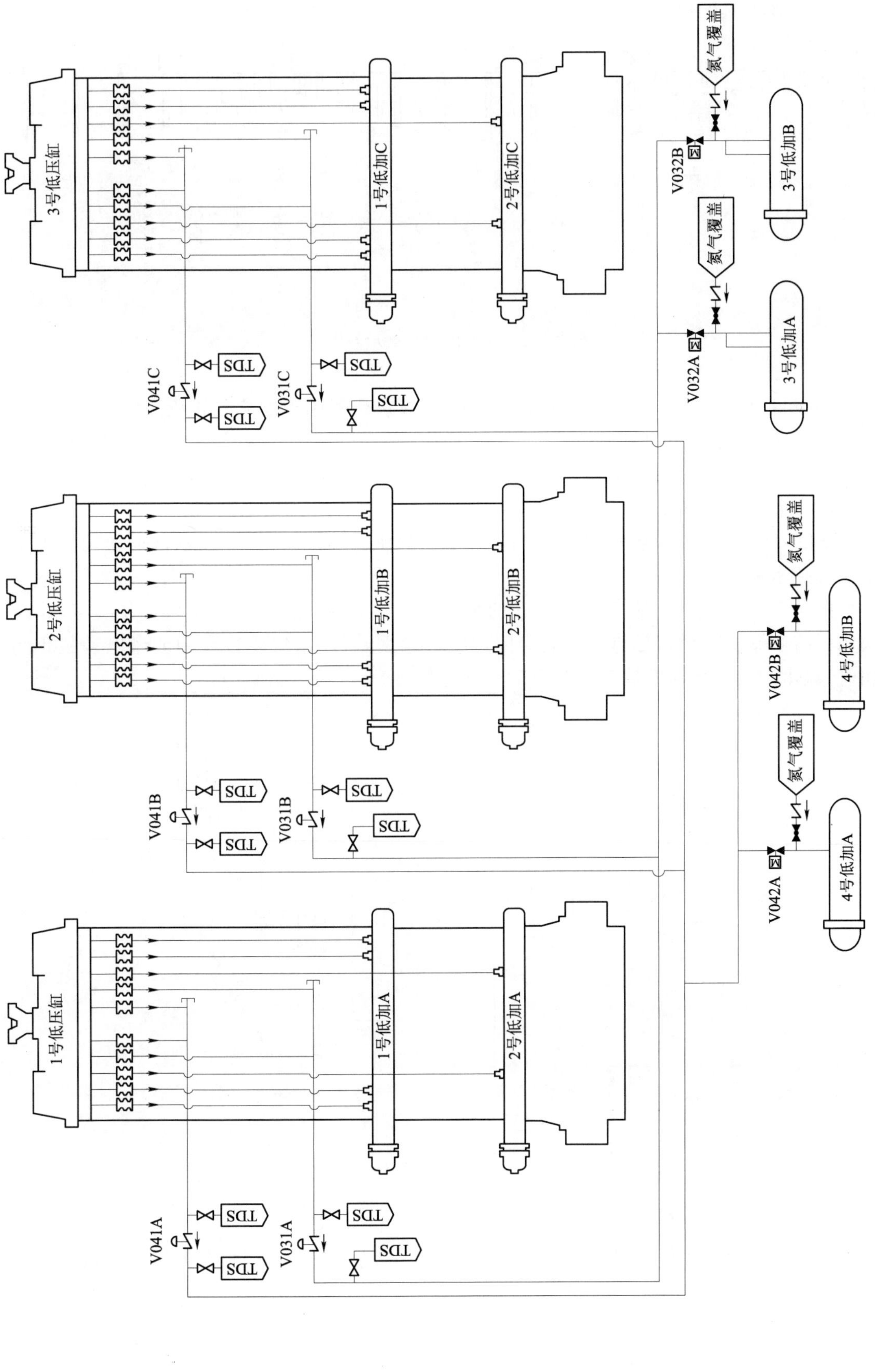

图 2-5-2　TES系统流程图（二）

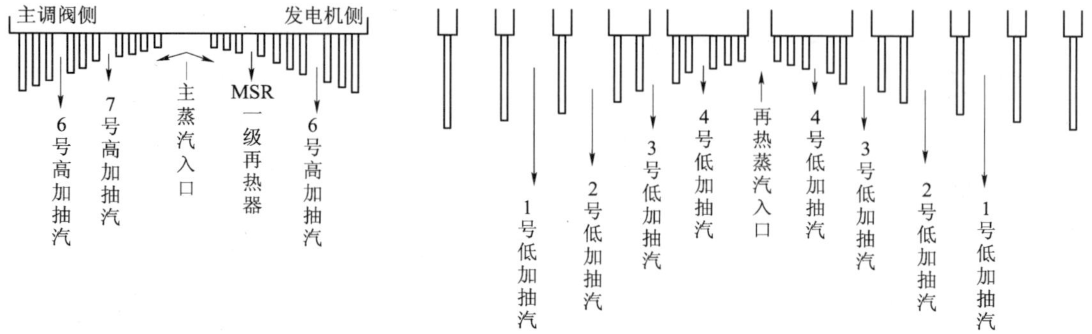

图 2-5-3 汽轮机抽汽点示意图

另外,汽轮机高压缸 3 级后抽汽还传输至 MSR 一级再热器用于加热汽轮机高压缸排汽。

(2) 抽汽管线自动疏水

为了尽量降低汽轮机高压缸和低压缸进水的可能性,所有抽汽管道在疏水或蒸汽凝结水积聚的低点及低位都设置了自动疏水系统。疏水通过管道流入凝汽器。

6 号和 7 号高加,除氧器以及 3 号和 4 号低加的所有抽汽管道,都在抽汽逆止阀上下游分别设置疏水罐。

如图 2-5-4 所示,疏水罐后设置并联的疏水器和疏水阀,正常时由疏水器连续疏水,疏水阀则由疏水罐的水位信号自动控制启闭,高水位时开启。当汽轮机跳闸或者电动截止阀关闭时,疏水阀也会自动开启。

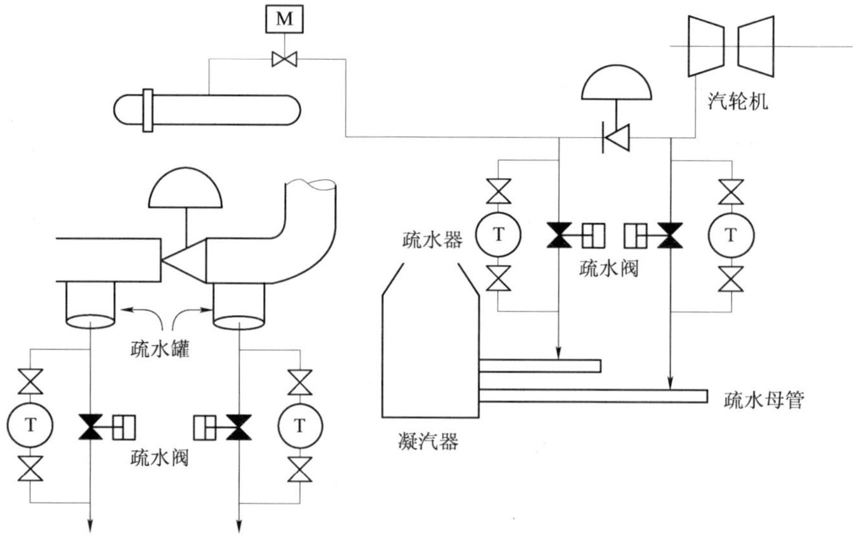

图 2-5-4 抽汽管线疏水简图

自动疏水阀也可以由操纵员远方控制。主控室有疏水罐水位高报警及自动疏水阀的阀位指示。

1 号和 2 号低加布置在凝汽器颈部内，管道布置上不存在低点，因而不设自动疏水系统。

主要相关系统有 CDS，FWS，CAS，PGS 和 VYS 等系统。

2.5.3 主要设备

(1) 电动截止阀和抽汽逆止阀

6 号和 7 号高加，除氧器以及 3 号和 4 号低加的所有抽汽管道都装有抽汽逆止阀及电动截止阀。

抽汽逆止阀的主要作用是在负荷突降时防止下游抽汽管道内的蒸汽倒流引起汽轮机超速。电动截止阀的主要作用是在给水加热器水位过度上升时防止汽轮机进水。

通常情况下，压缩空气平衡了抽汽逆止阀上的弹簧力，阀盘处于“自由升降”状态，依靠阀盘自重来阻止逆向蒸汽流。一旦收到一个激励信号，压空失去，阀盘即在弹簧力的作用下向关闭方向移动，阀盘处于限制状态，确保阀门至少部分关闭。

(2) 抽汽管线膨胀节

汽轮机低压缸的抽汽管线上装设了膨胀节。因为这些管线在凝汽器内或穿过凝汽器与低压给水加热器相连，装设膨胀节就能补偿这些抽汽管道在凝汽器内的热位移。

连接汽轮机高压缸及 6 号和 7 号高加的抽汽管线，及连接 MSR 一级再热器与除氧器的抽汽管线由于具有足够的柔韧性，不需要装设膨胀节。

2.5.4 系统运行

2.5.4.1 正常运行

正常运行工况下，从汽轮机高压缸抽取的蒸汽被送到高加和 MSR 一级加热器，抽取的高压缸排汽去往除氧器，而来自汽轮机低压缸的蒸汽则被用于低压给水加热器。自动疏水阀在自动模式并处于关闭状态。一旦疏水罐水位高，这些阀门全开以降低疏水罐水位。当疏水罐水位恢复后，这些阀门就会重新关闭。在 20% 负荷时，6 号和 7 号高加抽汽管道电动隔离阀会开启以预暖加热器(见图 2-5-5)。

2.5.4.2 异常运行

在加热器解列的运行工况下，有必要将电动截止阀关闭以保证加热器能够被安全隔离。但是由于 1 号和 2 号低加抽汽管道在凝汽器喉部，没有设置逆止阀及电动截止阀。对于这些加热器，防止汽轮机进水的功能则需要由凝结水隔离来实现。凝结水电动隔离阀关闭时，加热器退出运行，传热管泄漏源也就被隔离了。此时，抽汽向加热器的传热终止，同时还应隔离来自上级加热器逐级自流的疏水。

2.5.4.3 瞬态及事故工况

汽轮机跳闸信号会导致电动截止阀及抽汽逆止阀关闭，以防止汽轮机高压缸和低压缸进水和超速。此时，自动疏水阀将全开并排出疏水。

一旦给水加热器水位高 2，相应的电动截止阀及抽汽逆止阀关闭，并且抽汽逆止阀前后疏水阀自动开启，以防止汽轮机高压缸和低压缸进水。

2.5.4.4 注意事项

汽轮机抽汽逆止阀必须做定期试验以确保其关闭功能能够在必要时顺利实现。这个试

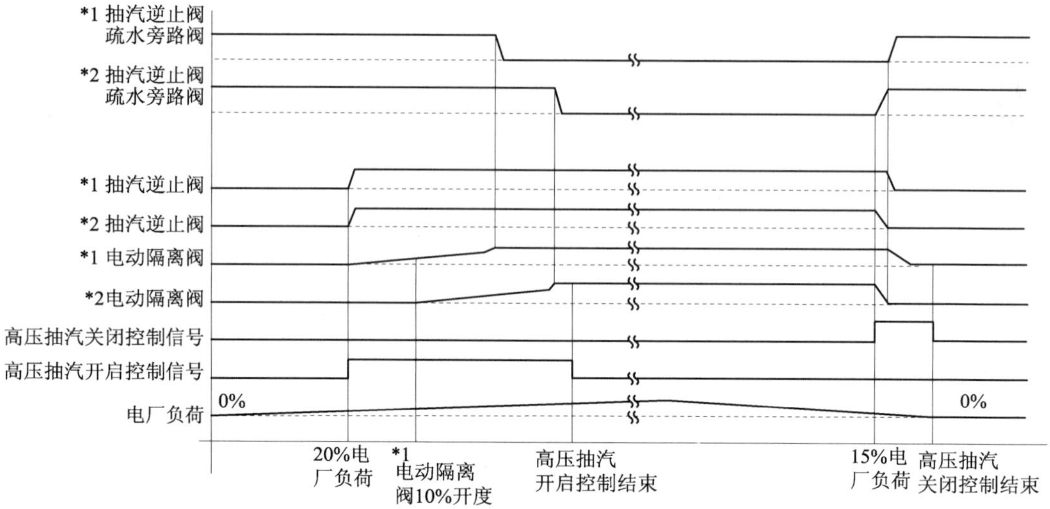

图 2-5-5 高压抽汽运行图

*1:除氧器;*2:高加

验可以通过就地开关进行,执行的频率是每周一次。

2.5.5 仪表和控制

2.5.5.1 抽汽蒸汽压力-汽轮机出口抽汽管道(JE-PT014,PT003,PT024,PT032,PT040,PT026,PT034,PT042)

在每个高压缸和低压缸的出口都装有两个压力变送器用于测量抽汽的压力。

2.5.5.2 抽汽蒸汽压力-高加入口以及 3 号和 4 号低加入口抽汽管道压力(JE-PT017,PT020,PT006,PT009,PT048,PT049,PT050,PT051)

在每个高加(FWS-ME-01A/B,02A/B)的入口和 3 号和 4 号低加(CDS-ME-04A/B,05A/B)的入口设有一个压力变送器用于测量抽汽的压力。

2.5.5.3 抽汽蒸汽压力-1 号和 2 号低加的壳侧(JE-PT031,PT039,PT047,PT029,PT037,PT045)

每个 1 号和 2 号低加(CDS-ME-02A/B/C,03A/B/C)的壳侧都装有一个压力变送器。

2.5.5.4 抽汽蒸汽温度(JE-TE015,TE004,TE025,TE033,TE041,TE027,TE035,TE043,TE030,TE038,TE046,TE028,TE036,TE044)

6 号和 7 号高加的抽汽管道上各装设了一个温度计。1 号、2 号、3 号和 4 号低加的抽汽管道上各装设了三个温度计。

2.5.5.5 抽汽管线电动截止阀

以下信号控制抽汽管线电动截止阀关闭:

(1) 汽轮机跳闸;

(2) 发电机跳闸;

(3) 汽轮机负荷低;

(4) 给水加热器水位高 2。

正常情况下,电动截止阀是开启的,上述汽轮机保护信号使阀门关闭。除非操纵员手动开启,否则这些阀门将一直处于关闭状态。远方手动控制具有优先权,操纵员可以根据需要超控所有信号,开启或关闭阀门。

2.5.5.6 抽汽管线抽汽逆止阀

以下信号控制抽汽管线抽汽逆止阀关闭:

(1) 汽轮机跳闸;

(2) 发电机跳闸;

(3) 汽轮机负荷低;

(4) 给水加热器水位高 2。

正常情况下,抽汽逆止阀阀盘处于"自由升降"状态,上述汽轮机保护信号使阀门动作,阀盘处于限制状态,阀门至少部分关闭。然后蒸汽倒流时,抽汽逆止阀全部关闭,防止加热器壳侧蒸汽不受限制地膨胀导致汽轮机超速。这些阀门将处于关闭状态直到激励信号消失。

2.5.6 技术参数

技术参数见表 2-5-1。

表 2-5-1 技术参数(额定功率)

加热器	蒸汽流速/(m/s)	蒸汽压力/(MPa(a))	蒸汽温度/℃	设计压力/(MPa(a))	设计温度/℃
7 号高加	40.4	2.85	231.1	3.25	240
6 号高加	40.7	1.73	205.1	1.95	215
除氧器	37.8	0.981	179.0	1.25	190
4 号低加	43.4	0.370	161.6	0.42	225
3 号低加	42.9	0.163	113.9	0.19	120
2 号低加	49.9	0.060 9	86.3	−101.3 kPa(g)	90
1 号低加	52	0.032 5	71.0	−101.3 kPa(g)	80

复习思考题

1. 简述大气释放阀前隔离阀的作用。
2. TES 抽汽逆止阀和电动截止阀的作用是什么?
3. 凝汽器可用的条件是什么?
4. 简述主蒸汽系统(MSS)的功能。
5. 蒸汽旁排阀闭锁信号有哪些?

第三章　常规岛给水部分

3.1　凝结水系统(CDS)

3.1.1　系统功能

(1) 蒸汽的冷凝及收集:CDS冷凝低压缸排汽和旁排阀排汽,并将凝结水收集在凝汽器热阱中。CDS还收集来自于二次侧的排气和疏水。

(2) 保持凝结水装量:CDS保持二次侧循环凝结水和给水装量,并调节失水和电厂瞬态引起的水装量变化。

(3) 维持凝结水水质:CDS通过除氧以及凝结水精处理系统(CPS)和常规岛化学加药系统(CFS)的作用,净化凝结水并保持凝结水水质。

(4) 凝结水输送:CDS按所要求的流量为主给水系统和启动给水系统输送高品质的凝结水。

(5) 给水加热:CDS通过低加加热凝结水,并带走轴封蒸汽冷却器和蒸汽发生器排污热交换器的热量。

3.1.2　系统描述

如图3-1-1所示,CDS主要设备包括三台凝汽器、三台50%容量的凝结水泵、一台除氧器、两台50%容量的净凝结水泵,四级低压给水加热器、调节阀和相关的系统仪表。

3.1.2.1　蒸汽的冷凝和收集

凝汽器的功能是作为热交换器,用来冷凝汽轮机排汽、汽轮机旁路排放蒸汽、低压抽汽、饱和疏水的汽化蒸汽。凝汽器收集蒸汽凝结水和各处来的疏水。电厂正常运行期间,来自1号低加的逐级疏水排入凝汽器。另外,来自于任何给水加热器和疏水箱的高位疏水在必要时也可以排入凝汽器。其他各种疏水也由凝汽器收集。

CDS系统的给水加热器冷凝抽汽及汽化的疏水。闭式给水加热器中的凝结水和疏水由加热器疏水系统(HDS)控制。除氧器中的蒸汽冷凝水与凝结水混合在一起。凝汽器中的凝结水收集在热阱中,流入凝结水泵入口。

3.1.2.2　凝结水装量

CDS系统与DWS系统的凝结水储存箱相连,以保持二回路的水装量。凝结水的温度变化、给水、加热器疏水都会引起水装量的变化,蒸汽发生器内含汽率的变化(膨胀或收缩)也会引起水装量的变化。CDS响应上述各种瞬态,补偿二回路水装量损失。

水装量的补充和溢流由补水阀和溢流阀来完成。阀门与DWS的凝结水储存箱相连,由凝汽器热阱水位来控制。凝汽器补水由并联的正常补水阀和应急补水阀来完成。阀门为气动阀且有不同的行程范围。当凝汽器真空建立,凝汽器需要补水时,正常补水阀打开向凝汽器传热管上面的除气区域补水。凝汽器真空没有建立时,应急补水阀也可以为凝汽器热

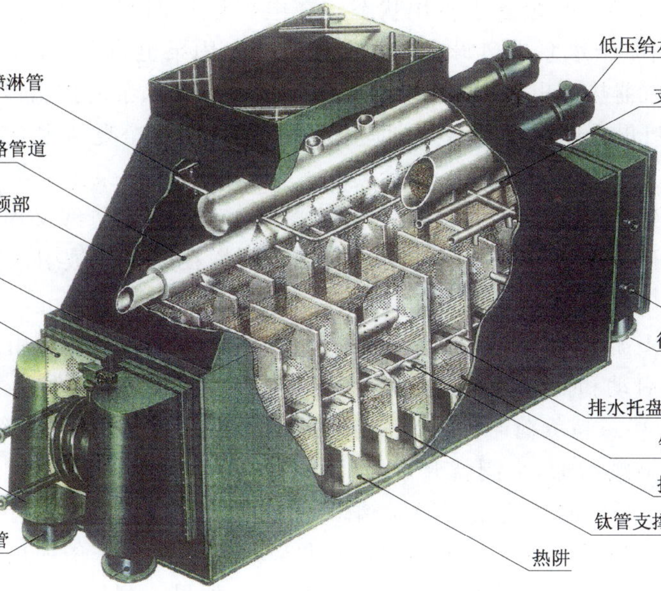

图 3-1-1 凝结水系统结构图

阱充水。凝结水泵出口母管接有溢流阀，可将凝汽器热阱中的凝结水溢流至凝结水储存箱。

3.1.2.3 凝结水水质

凝结水在凝汽器和除氧器中进行除气。在凝汽器中，低压缸排汽流过管束两侧的排管并加热下落的凝结水，将凝结水加热到接近饱和温度并释放出其中的可溶性气体。

不凝性气体连同少量的蒸汽一起被集中和收集到位于管束中心的凝汽器空气排出区域。对于每组管束凝汽器上都有一个相关的排出空气出口接管，用来和凝汽器抽真空系统的外部管道相连接。不凝性气体被真空泵压缩并排出。除氧器排出了凝汽器中没有排出的大部分的不凝性气体并且排出了由于疏水闪蒸和凝汽器下游其他来源引入的不凝性气体。

凝结水精处理单元位于凝结水泵出口母管的下游。CDS 系统的主管道连接到属于凝结水精处理系统(CPS)的精处理装置上。CPS 系统包括一个全流量旁路管线并且有一个旁路阀可以使凝结水旁路精处理单元。在正常满功率运行期间，凝结水都会旁路精处理单元，除非发生凝汽器传热管漏等类似的事件。

在向蒸汽发生器供水之前，CDS 系统和 FWS 系统提供了三条再循环管线用以加快系统净化和水质调整。这些管线包括一条凝结水再循环管线，一条除氧器再循环管线和一条大循环管线。凝结水再循环管线属于 CDS 系统的一部分。除氧器再循环管线和大循环管线属于 FWS 系统的一部分。凝结水再循环管线开始于轴封蒸汽冷却器的下游并通过一个流量调节阀后到达凝汽器，凝结水再循环管线同时为轴封蒸汽冷却器和凝结水泵的运行提供了一个小流量管线。除氧器再循环管线开始于除氧器水箱。大循环管线开始于 7 号高压给水加热器下游的给水管线。

3.1.2.4 凝结水输送

三台并列运行的 50% 容量的凝结水泵提供了系统的凝结水流量。在正常满功率运行期间，两台泵在运行，第三台泵处于备用状态。在电厂运行期间，一台运行泵跳闸后备用泵将自动启动，或者当凝结水泵出口母管达到低压力时备用泵也将自动启动。

凝结水泵从凝汽器热阱出口的一条公共母管汲水。凝结水泵的排出口连到了一根供水母管上。凝结水泵出口母管连接了两台并列运行的50%容量的净凝结水泵。在凝结水精处理单元投运的时候，这两台泵将会运行。每台凝结水泵和净凝结水泵出口都有一个逆止阀用以防止泵在停运时水倒流而引起泵的反转。两台净凝结水泵的排出管线又连到供水母管上。

凝结水间歇地用于低压缸排汽口喷淋。凝结水同样在必要时被引入凝汽器用于汽轮机旁路排汽喷淋。

在给水加热器上游的凝结水供应管线上有两个并列的气动调节阀用以控制进入除氧器的凝结水流量。在启动和低负荷期间，小阀调节凝结水流量而大阀保持关闭。在电厂负荷增加到大约35%～45%满负荷时，小阀就会达到全开位置，这时控制系统就会实现到大阀的切换。随着负荷继续增加，大阀就开始调节而小阀仍然保持全开状态。在正常满负荷运行期间，大约70%～80%的水流量流经大阀。

从3号加热器入口母管到4号加热器出口母管之间连接了一条加热器旁路器管线。加热器旁路管线的流量可以达到总凝结水流量的25%。如果一列低加(3号低加和4号低加)出现传热管破裂等原因而解列，电厂通过旁路管线的使用仍可维持满负荷运行。

3.1.2.5 密封水

密封水从凝结水泵出口凝结水管道的支线引出经过降压孔板后供向系统中阀门的阀杆以及凝结水泵和低压加热器疏水泵的轴封部分。

系统中压力的上限由自身的压力调节阀(SLS-PL-V034)进行调整。由于FWP和FWBP以及汽水分离器疏水泵的轴封部分是正压，密封水从凝结水泵出口管线的支线引出后直接供向这些泵。凝结水回收罐收集系统中流经压力调节阀的密封水、FWP轴封部分的引漏水和轴封冷却器的疏水，并通过水位控制阀将它们送往凝汽器。

密封水的主要用户有：主给水泵，主给水前置泵，汽水分离器疏水泵，低加疏水泵，凝结水泵，凝汽器真空泵和真空破坏阀等。

主要相关系统有ASS，CMS，CWS，DWS，FWS，GSS，HDS，MSS，MTS，PGS，PLS，TDS和WWS等系统。

3.1.3 主要设备

3.1.3.1 主要机械设备

CDS系统包括三台凝汽器，四台低压给水加热器，三台50%容量的凝结水泵，两台50%容量的净凝结水泵，一台除氧器和净凝结水泵的润滑油系统。

3.1.3.2 凝汽器

系统共配置三台凝汽器，每台与一个低压缸相接。凝汽器为水平、径向流动，单流程，表面冷却式，带有隔离的水室，汽轮机排汽口位于顶部。凝汽器与汽轮机排汽口为橡胶波纹柔性连接。当循环水入口温度为20 ℃、流量为76.88 m^3/s、并达到额定功率时，凝汽器设计背压为4.4 kPa(a)。凝汽器传热管为钛管。凝汽器的结构见图3-1-2。

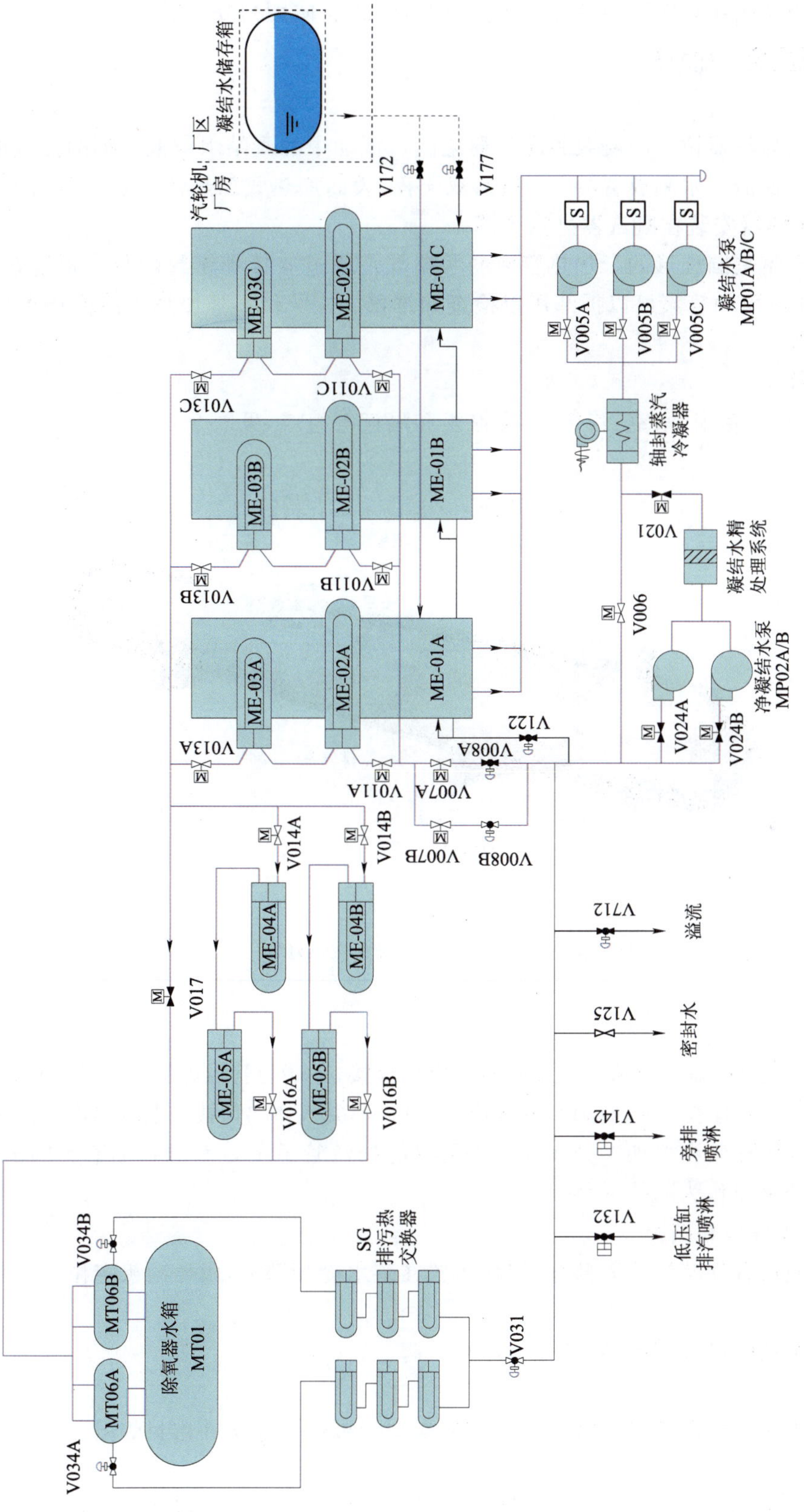
凝结水储存箱
汽轮机厂房
厂区
V172
V177
ME-01A
ME-01B
ME-01C
ME-02A
ME-02B
ME-02C
ME-03A
ME-03B
ME-03C
V011A
V011B
V011C
V013A
V013B
V013C
V007A
V007B
V008A
V008B
V122
V014A
V014B
ME-04A
ME-04B
V017
ME-05A
ME-05B
V016A
V016B
凝结水泵
MP01A/B/C
V005A
V005B
V005C
轴封蒸汽
冷凝器
V021
凝结水精
处理系统
V006
净凝结水泵
MP02A/B
V024A
V024B
V712
溢流
V125
密封水
V142
旁排
喷淋
V132
低压缸
排汽喷淋
V034A
V034B
MT06A
MT06B
除氧器水箱
MT01
SG
排污热
交换器
V031
图 3-1-2　凝汽器结构图

凝汽器内采用热力除氧原理除去不凝结气体，除氧原理与除氧器类似。

3.1.3.3 低压给水加热器

(1) 概述

低压给水加热器位于净凝泵和除氧器之间。低加中的凝结水被低压缸的抽汽加热并被送往除氧器。低加是水平放置的 U 形管，双流程，表面加热式加热器并且具有疏水冷却段。1 号和 2 号加热器安装在凝汽器排汽颈部。

低加的水室是圆柱形的。加热管束的两端都是通过胀接和密封焊与管板连在一起的。1 号和 2 号加热器的管束可以拆卸用以检查和维修。3 号和 4 号加热器的壳体可以拆卸用以检查和维修。

(2) 结构

低加由壳体、管束、水室、管板、管支撑板和隔板等组成，见图 3-1-3。

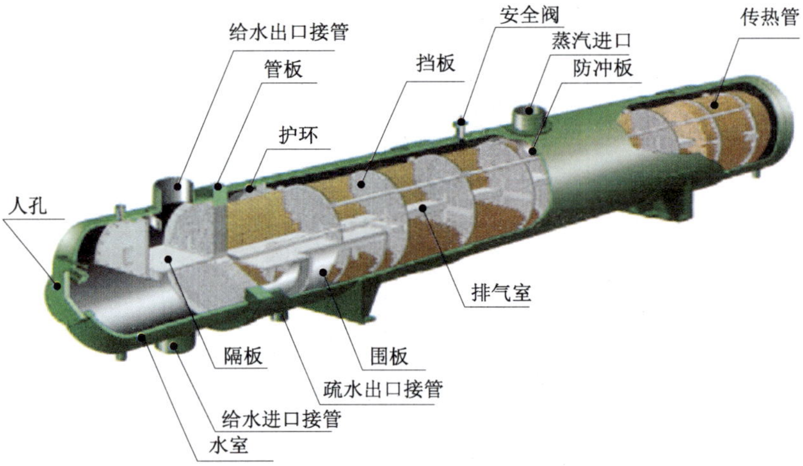

图 3-1-3 低压给水加热器结构图

1) 壳体

壳体由成型钢板熔焊而成。壳体端部为整体焊接，一端与管板焊接，另一端与成型壳体封头焊接。壳体上带有蒸汽入口接口、疏水出口接口、不凝气体出口接口及其他所需的接口。

隔热板将被安装在低加的壳体和凝汽器里的抽汽管道上。考虑到热膨胀的因素，碳钢将会取代不锈钢而作为隔热材料。

2) 管束支撑板和挡板

管支撑板布置在蒸汽冷凝部分，挡板布置在疏水冷却部分，由导向板定位。

3) 管板

管板由不锈钢制成，与水室和壳体焊在一起。

4) 管束

传热管由焊接的不锈钢制成。传热管两端与管板胀管连接并密封焊接。

5) 水室

水室为半球形，其上有人孔，由成型钢板制成。水室被一块可拆式隔板分为两部分。人孔与水室进水侧相通，打开水室隔板，可进入回水侧。

(3) 蒸汽冷凝段

来自抽汽管道的蒸汽进入蒸汽冷凝段，被给水冷却和冷凝。凝结水向壳体的下部滴落，流入疏水冷却段。正常运行时，壳侧的不凝气体从位于管束中心的气体抽出箱抽出。

(4) 疏水冷却段

疏水冷却段被一个纵向半圆形剖面的腔室包覆，它将传热管与蒸汽冷凝段隔离。来自于蒸汽冷凝段的凝结水从挡板四周流入疏水冷却段，被给水冷却，从疏水排出口排出低加。

位于疏水冷却段管板侧的排气口在启动时打开而在正常运行时关闭。在加热器启动时，壳侧的不凝气体从位于疏水冷凝段内的抽气管中抽出。

3.1.3.4 凝结水泵

凝结水泵是多级立式泵，由壳体、外壳、吸入室、叶轮、密封装置和轴承等组成。凝结水泵采用双吸式叶轮，一方面可以减小所需的净正吸入压头，另一方面也可以减小轴向推力。凝结水泵采用自润滑，不需要外部的润滑。

3.1.3.5 净凝结水泵

净凝结水泵系单级、双吸、双蜗壳的卧式离心泵。主要由上下壳体，机械密封装置和轴承组成。净凝结水泵采用双吸式叶轮，一方面可以减小所需的净正吸入压头，另一方面也可以减小轴向推力。

3.1.3.6 除氧器

除氧器被安装在四级低加(1,2,3,4 号低加)和两级高加(6,7 号高加)之间，可以认为除氧器是第 5 级加热器。除氧器有三个功能：加热凝结水，去除凝结水中的不凝性气体和溶解氧以及为主给水前置泵提供足够的 NPSH。不凝性气体携带少量的蒸汽被排往凝汽器。除氧器为直接接触、喷雾浅盘式。除氧器由除氧加热器、除氧器水箱以及必要的管道、阀门和附件组成。正常运行水位时，除氧器水箱能为最大运行工况下的给水泵提供大约 5 分钟的供水。除氧器水箱能容纳从零负荷到满负荷蒸汽发生器水装量的变化。

(1) 喷雾浅盘式除氧加热器

除氧加热器由除氧器壳体、浅盘、浅盘结构支撑、水室、喷嘴、平衡管等组成，如图 3-1-4 所示。

浅盘由内部结构进行支撑，其布置使得蒸汽和凝结水可以直接逆向接触，接触在两层上进行。

水室置于除氧加热器顶部，其上装有喷嘴。

来自低加的凝结水由装在水室上的喷嘴喷入除氧器。喷嘴设计为在任何负荷工况下都能喷出均匀的水幕。喷嘴喷出的水均匀地落在下面的浅盘上。浅盘为不锈钢制成，分成许多级，这样，水滴落下时会被击碎并以深度除氧。在从喷嘴中喷出及在浅盘上下落的过程中，凝结水被加热及除氧。从凝结水中释放出的气体向上流动，被喷嘴喷出的水幕冷却，再通过孔板排向凝汽器。

除氧器共有两台除氧加热器，由平衡管来实现两台除氧加热器内部的压力平衡。除氧加热器上装有安全阀、温度和压力仪表。每个除氧加热器上都有开口，用于检查及更换内部零件。喷嘴和浅盘由不锈钢制成，除氧加热器壳体由成型钢板熔焊而成。

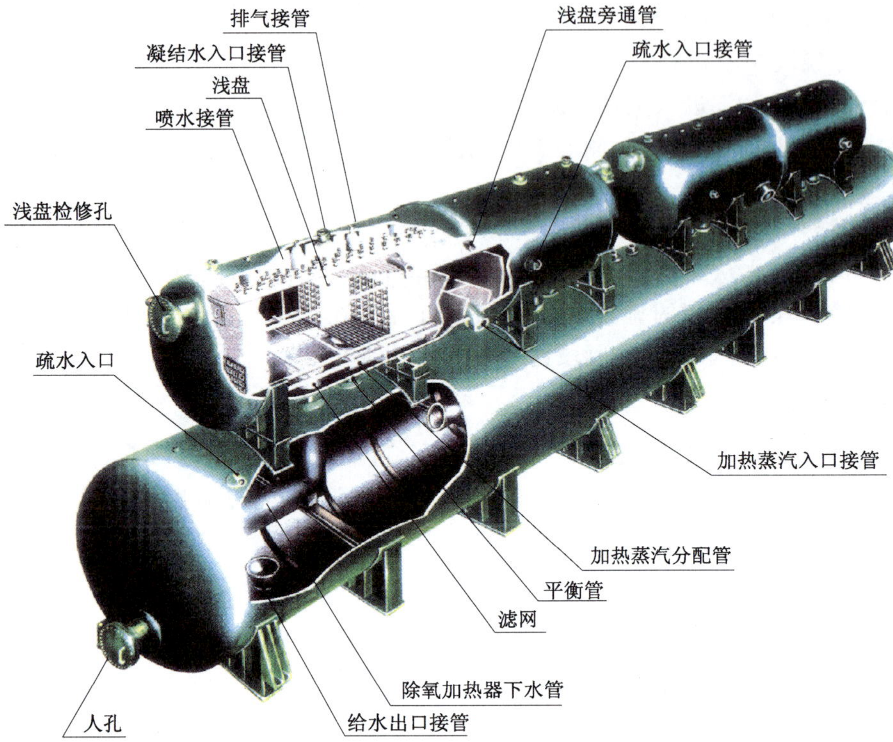

图 3-1-4 除氧器结构图

(2) 除氧器水箱

除氧器水箱由成型钢板熔焊而成，包括壳体、出水管、过滤器、平衡管等，还连接有给水泵的入口和再循环接管、溢流接管、疏水接管、仪表接管、自动水位控制器、玻璃水位指示管、取样接管。

被加热除氧的凝结水从除氧加热器通过下水管进至除氧器水箱中。除氧器水箱与除氧加热器之间装有平衡管。

除氧器到给水泵的供水管上装有过滤器，以过滤剥落的水垢和杂质。除氧器水箱上的人孔则用于检查和清洁水箱。除氧器水箱有足够的支撑，以应对负荷突然变化时给水闪蒸引起的应力。除氧器水箱至给水泵出水管上装有防汽化和防涡流装置，以避免负荷突然变化引起的汽化和相应影响。除氧器水箱上装有高低液位报警开关。除氧器水箱的玻璃水位计为反射型，能够覆盖整个水箱高度。

(3) 除氧的原理

电厂中采用的除氧器是一种物理除氧方法，其简单除氧原理如下。

1) 道尔顿(Dalton)分压定律

混合气体全压力等于各组成气体分压力之和。对除氧器而言：

$$P_d = P_s + P_a$$

其中：P_d，P_s，P_a分别为除氧器中混合气体总压力，蒸汽分压力，空气分压力。

给水定压加热时，随着水的蒸发过程不断加强，水面上的蒸汽的分压力逐步加大，相应其他气体的分压将不断减小。当把水加热至饱和温度时，水蒸气的分压力实际上就等于水面上的全压力，其他气体的分压力就会趋近于零，从而创造了将水中溶解的气体全部除去的条件。

2）亨利（Henry）定律

该定律指出：在一个容器中，当溶于水中的气体与自水中逸出的气体处于动态平衡时，单位体积水中气体的溶解量与水面上该气体的分压力成正比。

如果水面上某气体的实际分压力低于水中溶解气体所对应的平衡状态压力，则该气体就会在不平衡压差作用下自水中离析出来，直至达到平衡状态时为止。反之，将会发生该气体继续溶于水的过程。如果能使水面上某气体的实际分压力为零，在不平衡压差作用下就可把该气体从水中完全除掉，这就是物理除氧的基本原理。因此，除氧的关键是降低水面上氧的分压力。

因此，首先需要将给水加热至尽可能高的温度，比如对应蒸汽压力下的饱和温度。其次，不可凝气体必须以其从给水中释放的速度连续不断地从加热器中抽出。

（4）除氧器的三个相互独立的加热蒸汽汽源

1）辅助蒸汽：机组启动前用来自辅助锅炉的蒸汽对除氧器给水箱及其存水进行预热和除氧之用；

2）高压缸排汽：正常功率运行时使用；

3）新蒸汽：机组启动过程中，高压缸排汽还无法满足除氧器加热蒸汽要求时使用。

除氧器的主要加热蒸汽是汽轮机高压缸排汽，在机组启停阶段，当高压缸排汽参数不能满足除氧器运行所需最低压力时，需要切换至新蒸汽，维持除氧器压力在所需最小值上，这种运行方式叫定压运行。由于存在节流损失和停运一级回热抽汽，该运行方式是不经济的。

当高压缸排汽参数符合要求时，采用高压缸排汽加热除氧器，此时压力不受控制，随着机组负荷而变化，该运行方式叫滑压运行。除氧器滑压运行带来的主要问题是，在变动工况下由于除氧器内压力和水温的变化速度不可能完全一致（压力变化快，水温因水的热容量而变化较慢），水温变化总是滞后于压力的变化，于是在负荷急剧变动时会产生下述问题：在负荷骤升时，压力升高较水温升高为快，导致除氧效果恶化；在负荷骤降时，压力降低较水温降低为快，给水泵容易出现汽蚀。而若按定压运行，虽然可使除氧效果及给水泵安全运行得到保证，但机组热经济性要作出牺牲。为提高机组的经济性，除氧器正常运行时采用滑压运行方式。

（5）为防止负荷骤降的过程中给水泵气蚀，应采取的措施

1）提高除氧器安装高度；

2）设置低转速的前置给水泵；

3）适当增加除氧水箱容积；

4）装设能快速投运的备用汽源，阻止除氧器的压力继续下降。

3.1.3.7　净凝结水泵的润滑油系统

这个系统用于净凝结水泵轴承的润滑。主要由油单元装置、主油泵（MOP）和相关管道组成。其中油单元装置由油箱、油冷却器、压力释放阀、滤网和辅助油泵（AOP）组成。MOP靠净凝结水泵的旋转而启动。油单元装置向净凝结水泵供应润滑油，对净凝结水泵润滑后重新回到油箱。

在泵正常运行时，主油泵提供系统油压并有安全阀提供超压保护。AOP 用于净凝结水

泵启动、停止以及系统油压降低时的备用。AOP 由电机驱动，经过润滑后油温升高，之后由油冷却器来对润滑油进行冷却。冷却水由 TCS 系统提供。

3.1.4 系统运行

3.1.4.1 正常工况

在额定功率运行期间，凝汽器主要接收汽轮机乏汽，来自 1 号低加逐级自流的疏水，轴封蒸汽冷却器的疏水，蒸汽发生器的排污和凝汽器补水。凝结水由两台凝结水泵输送至除氧器，其间流经轴封蒸汽冷却器和低压给水加热器。凝结水精处理单元通常被旁路。凝结水流量由位于低加入口的除氧器液位调节阀来进行控制。

3.1.4.2 异常运行

如果一列低加(1 号低加和 2 号低加)由于像传热管泄漏这样的原因而被隔离，电站可以继续在大约满功率运行。在这种情况下，更大流量的凝结水流经完好的给水加热器的传热管。这就意味着凝结水系统的系统摩擦损失增大，并可能引起凝结水流量的减少。电站操纵员必须监视除氧器水箱的液位，并且如果液位将要降至低液位时，操纵员必须启动第三台凝结水泵。

如果一列低加(3 号低加和 4 号低加)被隔离，那么通过使用旁路管线电厂可以维持大约满功率运行。

3.1.4.3 瞬态及事故工况

如果运行的凝结水泵跳闸，那么备用泵自动启动。在出口母管压力降至设定值时，备用泵同样自动启动。

如果任何加热器疏水系统或者 MSR 疏水系统出现类似调节阀故障这样的问题，疏水就会转至凝汽器。在这种情况下凝结水系统流量将增加而超过正常运行工况的流量，而电厂操纵员应当监视除氧器水箱的液位。如果液位将要降至低液位时，操纵员必须启动第三台凝结水泵。

3.1.5 仪表和控制

3.1.5.1 仪表通道

(1) 液位计

1) 凝汽器热阱液位(JE-LT006A/B/C)

三个液位变送器用来测量凝汽器热阱中凝结水的液位。每个通道为电厂 DCS 系统的中值选择器提供一个输入。

控制功能：

中值选择器的输出用作热阱补水阀(PL-V172，V177)和溢流阀(PL-V712)的自动控制。

报警功能：

中值选择器的输出可以产生高液位报警和低液位报警。

指示功能：

三个通道的液位指示都可以从主控室读出。在电厂正常运行期间操纵员对热阱液位进行周期性地监视以确认热阱中的水装量在可接受的范围之内。热阱液位指示同样用在热阱充排水的操作过程中。热阱液位指示还用于发生异常工况时诊断系统故障。

2）除氧器水箱液位(JE-LT056A/B/C,LT057)

三个窄量程液位变送器(JE-LT056A/B/C)和一个宽量程液位变送器(LT057)用来测量除氧器水箱中的液位。三个窄量程通道具有相同的特征。每个通道为中值选择器提供一个输入。

控制功能：

中值选择器的输出值用作调节凝结水流量调节阀(PL-V008A/B)的开度。

当除氧器水箱达到高液位时，这个输出值用作关闭除氧器的抽汽逆止阀(TES-PL-V051,V052)。

当除氧器水箱达到高2液位时，这个输出值用作关闭除氧器蒸汽隔离阀(TES-PL-V053)，关闭来自6号高加(FWS-ME-01A/B)的疏水控制阀(HDS-PL-V037A/B)，使MSR壳体疏水箱的疏水泵(HDS-MP-02A/B)跳闸以及使低压给水加热器疏水箱的疏水泵(HDS-MP-01A/B)跳闸。

报警功能：

中值选择器的输出值会为除氧器水箱提供高液位报警，高2液位报警和低液位报警。

宽量程通道的液位计会为除氧器水箱提供一个低2液位报警。

指示功能：

无论宽量程液位计还是窄量程液位计的指示都可以从主控室读出。除氧器水箱液位指示还用于对除氧器水箱手动充排水的操作以及手动调节凝结水流量调节阀以维持除氧器水箱液位。在电厂正常运行期间，操纵员对水箱液位进行周期性地监视以确认水箱中的水装量在可接受的范围之内。水箱液位指示还用于发生异常工况时诊断系统故障。

(2) 压力表

1）凝汽器压力(MSS-JE-PT130,PT131,PS133A/B/C,TOS-JE-PS007A/B,PS008A/B)

两个压力变送器和七个压力开关用来测量凝汽器的压力。一个是窄量程，另外一个是宽量程。

所有的压力变送器和三个压力开关(MSS-JE-PS133A/B/C)连接到平衡管上用于三个凝汽器壳侧。四个压力开关(TOS-JE-PS007A/B,PS008A/B)连接到凝汽器A的壳侧。

控制功能：

来自两个压力开关的输出为汽轮机旁路运行提供一个联锁。当凝汽器的压力足够低且处在至少有一台凝结水泵和一台循环水泵在运行的条件下，发出“凝汽器可用”信号参与蒸汽旁路排放控制，此时汽轮机旁路蒸汽可以进入凝汽器。

四个压力开关为一个选择器提供输入。其输出为汽轮机保护提供一个联锁。

报警功能：

一个压力开关用来产生一个高压力报警。这个高报预示着凝汽器的真空已经超出正常功率运行的范围。这可能预示着凝汽器抽真空系统或循环水系统发生故障，或者有过多空气进入凝汽器。在出现一个大的甩负荷瞬态时，这个报警由于蒸汽的排放同样可能被短暂地触发。

指示功能：

所有压力变送器的读数都可以从主控室读出。在电厂功率运行期间，尤其是在电厂启动期间，操纵员对凝汽器运行压力进行周期性地监视。在异常工况运行期间，凝汽器压力可以用来诊断系统故障。凝汽器压力是决定电厂热效率的一个重要参数。

2）凝结水泵出口母管压力(JE-PT018)

在凝结水泵下游的出口母管上装设有一个压力变送器。

控制功能：

这个压力表用于在凝结水泵出口母管压力低时自动启动备用凝结水泵。

报警功能：

这个压力表同样会产生一个凝结水泵出口母管低压力报警。这个报警预示着凝结水泵可能失效或已达到最大流量。

3）凝结水泵入口滤网压差(JE-PDS009，PDS012，PDS015)

报警功能：

每个压力开关可以产生一个高压差报警。

(3) 温度表

1）凝汽器热阱水温(JE-TE001，TE003，TE005)

每个凝汽器都设置有一个温度计用来测量凝汽器中凝结水的温度。这些温度都可以从主控室读出。

2）1 号低加入口水温(JE-TE031)

除氧器液位控制阀(PL-V008A/B)出口的凝结水管线上设置有一个温度计用来测量凝结水温。这个温度计显示的是 1 号低加入口的凝结水温度。这个温度可以从主控室读出。

3）给水加热器出口水温(JE-TE032，TE034，TE036，TE033，TE035，TE037，TE039，TE043，TE041，TE045)

每台给水加热器(ME-02A/B/C，03A/B/C，04A/B，05A/B)都设置有一个温度计用来测量其出口的凝结水温。

4）除氧器水箱水温(JE-TE055)

除氧器水箱(MT-01)中设置有一个温度计用来测量水箱的水温。在电厂启动期间建立除氧器运行的时候，操纵员对除氧器水箱的水温比较关注。

5）BDS 热交换器出口温度(JE-TE058，TE059)

每个蒸汽发生器排污热交换器出口设置一个温度计用来测量凝结水温度。

控制功能：

每个温度通道提供一个输入控制信号用以调节热交换器出口管线上的凝结水温度控制阀(PL-V034A/B)。凝结水出口温度维持在一个设定值。在遇到凝结水温度高 2 的时候，就会关闭相关的 BDS 排污流量控制阀。

报警功能：

每个温度通道都可以产生一个凝结水温度高和高 2 报警。高报预示着凝结水温度超出系统运行的正常范围。高 2 报警预示着自动动作必须动作以隔离 BDS 排污热交换器。

(4) 流量计

1）除氧器入口凝结水流量(JE-FT047)

除氧器(ME06A/B)入口的凝结水主管道上设有一个流量计用来测量凝结水流量。主凝结水流量用于系统性能的在线验证。

2）凝结水流量(JE-FT025,FT026)

轴封蒸汽冷却器(GSS-ME-01)的出口装设有两个流量计用来测量凝结水的流量。这个流量和凝结水泵出口的总流量是一致的。

控制功能：

这个流量计为热阱再循环控制阀(PL-V122)的控制提供输入信号。

报警功能：

如果轴封蒸汽冷却器所需的最小凝结水流量不能维持便会产生一个凝结水流量低的报警。

指示功能：

操纵员利用轴封蒸汽冷却器出口的凝结水流量指示来手动调节凝汽器热阱再循环控制阀以达到一个期望的流速。同样，在凝结水泵启动期间或者在低负荷工况下，也会对轴封蒸汽冷却器出口的凝结水流量进行监视以验证最小流量可以得到维持。

3.1.5.2 控制和联锁

(1) 除氧器液位控制阀(PL-V008A/B)

除氧器液位控制阀可以在主控室手动控制或者自动控制。来自除氧器水箱中值选择器的除氧器水箱液位输出值是调节这些阀门并达到水箱液位设定值的主要控制输入。

(2) 热阱再循环流量控制阀(PL-V122)

热阱再循环控制阀可以通过手动控制来设定一个想得到的流量或者在自动模式下运行。在自动模式下时，阀门是通过轴封蒸汽冷却器出口流量(JE-FT025,FT026)来控制的。阀门的流量被维持在一个等于或高于设定值的水平。

大体上，当运行在25%的电厂满负荷或者更高一点的时候，通过调节阀的凝结水流量足够高而使得再循环阀可以保持关闭。当负荷降至低于这个值的时候，阀门就会打开以维持轴封蒸汽冷却器出口流量不低于设定值。在通过调节阀的凝结水流量很低或者没有的时候，再循环阀就打开以维持设定的流量。

这个控制阀和凝结水泵的操作电路联锁使得当没有凝结水泵运行的时候关闭。

(3) BDS热交换器凝结水控制阀(PL-V034A/B)

这些阀门控制流经蒸汽发生器排污热交换器的凝结水。这些阀门可以通过主控室手动控制以设定一个期望的流量。通常情况下这些阀门在自动模式下运行。在自动模式下时，每个阀门控制凝结水流量以维持热交换器出口的凝结水温度在一个设定值。然而，无论阀门在什么时候运行都会维持一个最小的开度以避免阀门受到腐蚀损坏和提高在低流量时的控制稳定性。因此，在蒸汽发生器排污流量低时，凝结水的出口温度可能低于设定值。当除氧器水箱高2液位时，这些控制阀被全关以避免除氧器满溢。

在BDS热交换器凝结水入口总管上装设有一个气动阀主要用做隔离功能。在功率运行期间当凝结水泵运行时这个阀门通常处于开启状态。然而，可以通过对这个阀门的手动控制以实现对其下游的凝结水管道的缓慢充水。这个阀门在失去压空或者电源的时候处于开启的状态以防止BDS热交换器失去凝结水冷却流量。

(4) 给水加热器电动隔离阀(PL-V011A/B/C,V013A/B/C,V014A/B,V016A/B)

给水加热器的电动隔离阀可以在主控室手动控制，也可以在自动模式下运行。

(5) 凝结水泵的控制(MP-01A/B)

每台凝结水泵都可以在手动控制下启动或者停止,也可以在自动模式下置于备用状态。在自动控制时,当一台运行的泵跳闸时备用泵将自动启动。在凝结水泵出口母管压力(JE-PT018)低时备用泵也将自动启动。

3.1.6 技术参数

技术参数见表 3-1-1。

表 3-1-1 技术参数

凝汽器				
型式	水平、径向流动,表面冷却,独立水室			
数量	3 个/Unit			
凝汽器设计运行压力	4.4 kPa(a)			
热交换	2.16×10^{6} kJ/s			
循环水入口温度	20 ℃			
循环水出口温度	27 ℃			
循环水温升	7.0 ℃			
循环水流量	76.64 m^3/s			
管径尺寸	25.4 mm×0.5 mm(外径厚度)(凝结区) 25.4 mm×0.7 mm(外径厚度)(外围)			
流程	单流程			
壳体材料	碳钢			
管板材料	钛覆面			
水室材料	碳钢内衬橡胶			
传热管材料	钛管			
传热管连接	管端胀管加密封焊			
低压给水加热器				
加热器	1 号	2 号	3 号	4 号
类型	水平布置,表面换热,U 形管			
数量/台	3	3	2	2
流程	双流程	双流程	双流程	双流程
给水入口温度/℃	31.5	67.0	82.2	110.6
给水出口温度/℃	67.0	82.2	110.4	137.2
管子尺寸(外径×内径)/m^2	15.88×1.0	19.05×1.0	15.88×1.0	15.88×1.0
壳体材料	碳钢			
管板材料	碳钢			
管子材料	不锈钢			
水室材料	碳钢			

续表

凝结水泵	
类型	多级立式泵
数量	3 台/机组
容量	2 300 m^3/s
总压头	240 m
电机额定容量	2 000 kW
净凝结水泵	
类型	水平,单级双吸泵
数量	2 台/机组
容量	2 300 m^3/s
总压头	90 m
电机额定容量	750 kW
除氧器	
型号	卧式喷雾浅盘式
数量	1 台
设计压力	1.25 MPa(a)
设计温度	190 ℃
壳体和封头材料	碳钢

3.2 主给水和启动给水系统(FWS)

3.2.1 系统功能

(1) 带走衰变热

主给水和启动给水系统(FWS)执行纵深防御功能,为蒸汽发生器系统(SGS)提供启动给水带走反应堆的衰变热,以避免在失去主给水或失去正常交流电源时,安全相关的非能动余热排出系统投入。

(2) 提供给水

在电厂热备用、启动、功率运行及需要保持蒸汽发生器水位的停堆期间,FWS 系统投用,以所要求的压力和流量为蒸汽发生器系统(SGS)提供给水,并保持蒸汽发生器的水位。

(3) 给水加热

功率运行期间,FWS 通过高压给水加热器加热给水。给水回热提高了二回路的热效率。

(4) 给水再循环

电厂启动前及启动期间,FWS 将给水再循环至凝汽器,以净化和调节水质。

3.2.2 系统描述

FWS主要设备：三台主给水前置泵，三台主给水泵，两台启动给水泵，两列高压给水加热器(每列包括一台6号高加和一台7号高加)。FWS管道和设备布置在汽轮机厂房中。

FWS通过不同的路径为蒸汽发生器提供给水。供水路径定义如下：

(1) 通过SGS系统主给水流量调节阀(MFCV)的给水路径称为主给水。主给水总是通过主给水泵从除氧器水箱取水。

(2) 通过SGS系统启动给水流量调节阀(SFCV)的给水路径称为启动给水。启动给水既可以通过主给水泵从除氧器取水(正常水源)，也可以通过启动给水泵从凝结水储存箱(CST)取水(备用水源)。

3.2.2.1 主给水输送

FWS的主给水起始于除氧器水箱。来自于除氧器的给水通过三条独立的管路分别送到三台主给水前置泵，如图3-2-1所示。正常运行期间，除氧器内为饱和水，除氧器的高度可为主给水前置泵提供足够的净正吸入压头(NPSH)。

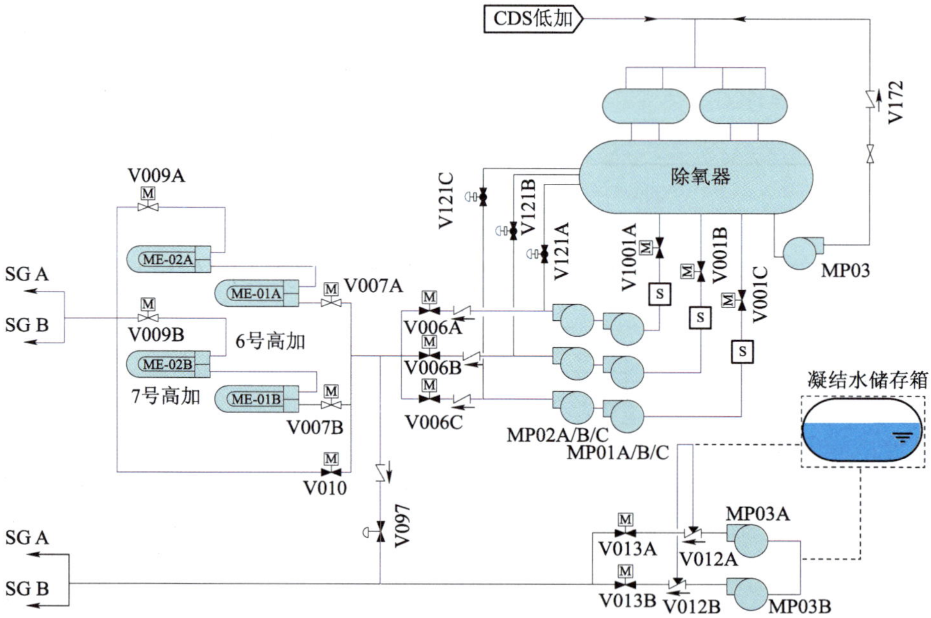

图3-2-1 FWS系统流程简图

每台主给水前置泵的入口管道上装有可以用法兰连接的管道，用于电厂正常运行及启动，或者上游管道/设备维修或改造后，可以安装滤网。

三列并联的主给水前置泵和主给水泵为给水提供动力。每列泵的容量和特性是一样的。这些泵为定速泵，布置在汽轮机厂房底层。每列前置泵/主给水泵提供主给水总流量的33.3%。在正常满负荷期间，三列前置泵/主给水泵全部投运，不设置备用列。

每列前置泵/主给水泵为前置泵和主给水泵串联。前置泵转速低于主给水泵，前置泵从除氧器取水升压，确保主给水泵有足够的 NPSH。前置泵和主给水泵由一台感应电动机驱动。主给水泵泵轴和电机转轴间配有机械增速器。

主给水泵出口装有逆止阀，防止停泵时给水逆流。每列前置泵/主给水泵装有隔离阀，用于电厂运行时此列的维修。每列泵的出口隔离阀为电动阀，由运行人员手动控制打开。如果出口隔离阀置于自动状态，当相应列的泵停止时，此阀关闭，作为逆止阀的后备。

从每个主给水泵出口至除氧器接有一条再循环管线，用于提供最小流量，保护每列前置泵/主给水泵。如果某列的流量低于最小流量要求，再循环管线上的一台气动控制阀自动调节打开，以保持泵的最小流量。控制阀由主给水泵入口流量值和再循环管线流量值控制。

加热管线用于前置泵/主给水泵启动前对其进行预热。加热管线从主给水泵出口母管接至前置泵/主给水泵，管线上手动阀（V702）打开，加热流体通过泵壳疏水管线流入被加热泵。在加热过程中，泵壳疏水阀（V703 或 V704）开启。加热流体预热泵后通过泵的入口管上的逆止阀（V003）流至除氧器，加热流量由流量孔板控制。正常情况下，电厂启动过程中，第一列泵在除氧器加热前以再循环模式（V121）正常启动和运行，与除氧器一起升温；在第二、三列升压泵/主给水泵启动前，通过预热管线对其加热。

三列前置泵/主给水泵出口合为一根母管，通向 6 号高加。主给水从 7 号高加出来，经过主给水母管后分为两路，向两台蒸汽发生器供水。主给水母管接有取样管线，通向二回路取样系统（SSS）。

3.2.2.2　启动给水输送

启动给水的正常水源是通过前置泵/主给水泵从除氧器取水。从主给水泵出口母管引出一条支线，连接到启动给水母管，从而实现了主给水泵向启动给水的供水。启动给水母管在汽轮机厂房与核辅助厂房交界附近分为独立的两条管线，分别为两台蒸汽发生器供水。系统启动时，优先使用前置泵/主给水泵供水（正常水源），即一旦给水回路冲洗完成水质合格后，就应尽快投入使用。

启动给水的备用水源是通过启动给水泵从凝结水储存箱取水。系统并联设置了两个 100％容量的机械系列。每台泵的出口各有一个文丘利管，一个逆止阀和一个电动隔离阀。文丘利管起着流量测量和泵在大流量工况下的限流作用。逆止阀除了防止备用泵的倒流，还为泵的小流量保护起着流量控制阀的作用。当泵的流量低于定值（47.7 m^3/h）时，阀门自动打开，部分给水返回凝结水储存箱。出口电动隔离阀和对应泵由同一列交流母线供电，自动状态下，泵出口隔离阀会随着对应泵的启动而自动开启，也会随着泵的停运而关闭。

两台启动给水泵的出口管线合二为一，并与启动给水母管相连。启动给水泵（备用水源）一般在换料大修为蒸汽发生器充水，以及机组启动初期二回路水质还不能符合要求时使用。启动给水泵供水时，机组功率由于供水能力的关系受到限制，两台启动给水泵供水时限制机组功率在约 5.9％以下，一台泵供水时限制机组功率在约 2.7％以下。

凝结水储存箱与大气相接，其内的除盐水的温度与环境温度接近。正常功率运行工况下，凝结水储存箱内的凝结水可用容量不少于 1 230 m^3。失主给水的情况下，凝结水储存箱的容量能使反应堆达到冷停堆工况。实际上，凝结水储存箱的容量足以使反应堆在热备用工况下维持 8 小时运行，并继续供水 6 小时，直到将主冷却剂系统（RCS）冷却到正常余热排出系统（RNS）投入的温度。

3.2.2.3 给水加热

给水加热通过除氧器以及两级高压给水加热器完成。

除氧器抽取部分高压缸排汽来加热凝结水。

高加由两个并联的水平闭式给水加热器组成。给水加热器布置在汽轮机厂房中间层。

给水加热器为管壳式，给水走管侧。加热器中的抽汽在壳侧凝结并被疏排。疏水在排出加热器前由与加热器一体的疏水冷却器冷却至饱和温度以下。7号高压给水加热器的疏水逐级自流至6号高压给水加热器，6号高加疏水排至除氧器。7号高加接收来自MSR一级和二级疏水箱的疏水。

3.2.2.4 给水再循环

FWS为蒸汽发生器供水前，两条再循环管线将给水送回凝汽器，以净化和调节水质。这两条再循环管线称为除氧器再循环管线和大循环管线。

除氧器再循环管线始于除氧器。除氧器再循环管线包括一台截止阀(V113)。循环动力为除氧器和凝汽器之间位差形成的静压头。当进行净化运行时，运行人员就地打开截止阀，达到预期流量。

大循环管线起于7号高加下游的主给水母管。大循环管线上有一台气动流量控制阀(V153)。当进行净化运行时，控制阀由主控室手动操作，以达到预期的流量。为达到设计流量，必须有一列前置泵/主给水泵投运。

蒸汽发生器初次充水前，应通过大循环管线净化系统。

3.2.2.5 蒸汽发生器冷却及湿保养

停堆后，当不再需要给水来维持蒸汽发生器水位时，启动给水母管的一部分管线将用于蒸汽发生器冷却及湿保养，该过程具体由蒸汽发生器排污系统实现。

主要相关系统有CAS,CDS,ECS,HDS,SSS,PLS,SGS,TCS和TDS等系统。

3.2.3 主要设备

3.2.3.1 高压给水加热器

高加布置在给水系统的主给水泵和蒸汽发生器之间，它从高压缸抽汽，对即将进入蒸汽发生器的给水进行加热。

高加采用水平布置，双程U形管式结构，由壳体、传热管支撑板及挡板、管束、水室、管板、接管、配件等组成，见图3-2-2。高加在功能上由蒸汽冷凝段和疏水冷却段组成。壳侧设计为可以承受最大可能的运行压力，管侧设计为可以承受给水泵关闭压力。

(1) 壳体

壳体由成型钢板熔焊而成。壳体端部为整体焊接，一端与管板焊接，另一端与成型壳体封头焊接。壳体上还带有蒸汽入口接管、疏水出口接管、不凝性气体出口接管及其他所需的接管。需要检查和维修时，壳体可以卸下。

(2) 传热管支撑板和挡板

传热管支撑板布置在冷凝段，挡板布置在疏水冷却段，由导向板定位。

(3) 管束

传热管由焊接的不锈钢制成。传热管两端与管板采取胀管连接加密封焊。

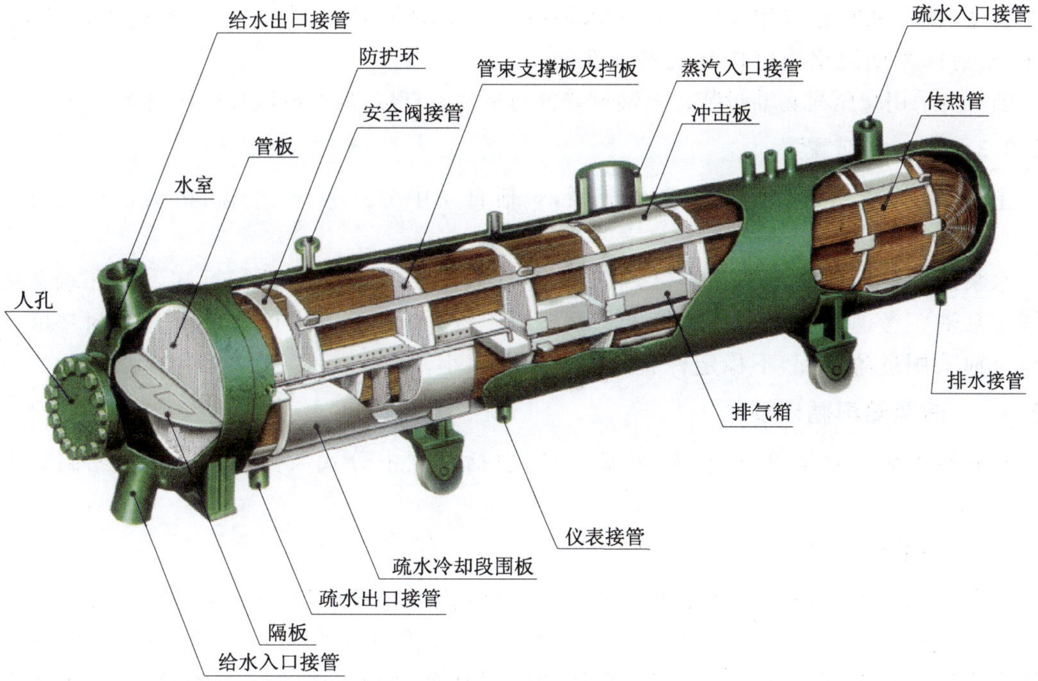

图 3-2-2 高加结构图

(4) 水室

水室为半球形，由成型钢板制成，其上有人孔。水室被一块可拆式隔板分为两部分。人孔与水室进水侧相通，打开水室隔板，可进入回水侧。

(5) 高压加热器管板

先在管板上钻孔，再铰孔、两侧倒角，然后将传热管穿入、胀管、密封焊。管板为锻制，与水室和壳体焊在一起。

(6) 蒸汽冷凝段

来自抽汽管道的蒸汽进入冷凝段，被给水冷却和冷凝。凝结水向壳体的下部滴落，流入疏水冷却段。

正常运行时，壳侧的不凝性气体从位于管束中心的气体抽出箱抽出。

(7) 疏水冷却段

疏水冷却段被一个纵向半圆形剖面的腔室包覆，它将传热管与冷凝段隔离。来自于冷凝段的凝结水从挡板四周流入疏水冷凝段，被给水冷却，从疏水排出口排出高加。

在加热器启动时，壳侧的不可凝气体从位于疏水冷凝段内的抽气管中抽出。

3.2.3.2 主给水泵

主给水泵是单级双吸双蜗壳泵，由直立中分式泵体、端盖、轴封装置以及轴承组成，适合高转速大流量工况。

水泵的设计允许在不拆除电机、泵壳和主管道的情况下对其进行拆卸。端盖通过双头螺栓固定在直立中分式泵体上，使得水泵拆卸更加方便。考虑到主给水泵运行于高温高压工况，泵体采用了可靠的垂直密封垫圈。叶轮与泵轴采用过盈装配，不稳定件脱落的可能性很小。

泵壳、端盖和叶轮采用 13% Gr 不锈钢铸件。泵轴采用 13% Gr 不锈钢锻件，颈部表面抛光，密封件采用硬铬板以提高抗腐蚀性能。

轴密封采用减压衬套轴封装置。轴封装置与泵轴不直接接触，可以长期使用而不需更换。

3.2.3.3 主给水前置泵

主给水前置泵是单级、双吸、双螺旋泵，包括直立中分式泵体、端盖、机械密封装置及轴承。

水泵的设计允许在不拆除电机、泵壳和主管道的情况下对其进行拆卸。拆开端盖后即可解体泵轴。考虑到主给水泵运行于高温高压工况，泵体采用了可靠的垂直密封垫圈。叶轮与泵轴采用过盈装配，不稳定件脱落的可能性很小。

3.2.3.4 除氧器再循环泵

除氧器再循环泵是单级、双吸、双螺旋泵，包括直立中分式泵体、端盖、机械密封装置及轴承。

3.2.3.5 启动给水泵

两台启动给水泵是卧式多级离心泵，由恒速电机通过挠性联轴节驱动。泵轴向分裂并通过带法兰的出入口接管与管道相连。每台启动给水泵能为两台蒸汽发生器提供 100%所需给水流量以导出衰变热。泵配有可更换的磨损环和轴套。轴固定在轴承套内，轴承套则通过法兰与泵两端相接。泵壳采用合金钢材料，而叶轮、轴及磨损环则由不锈钢制造。泵和电机安装在同一个底座上。

启动给水泵泵轴采用机械密封。泵第一级出口的部分水通过节流孔板进到轴封部件内，冲洗并冷却轴封材料。可更换轴承用于平衡泵的径向及轴向推力并减少摩擦，轴承由油润滑。

3.2.4 系统运行

3.2.4.1 正常运行

在电厂启动和低功率运行时，通过启动给水调节阀，既可由启动给水泵从凝结水储存箱取水，也可由主给水泵从除氧器取水为蒸汽发生器供应给水。启动给水控制可在控制室手动操作，也可根据蒸汽发生器的程控液位信号投入自动。启动给水为蒸汽发生器供水直到约 10%额定功率水平，然后切换到主给水供水，先关闭 SFCV，然后 MFCV 开始开启并接受控制指令以维持蒸汽发生器水位，切换完成后，主给水泵出口母管与启动给水母管连接管道上的隔离阀自动关闭。

在额定功率运行阶段，除氧器主要接收凝结水，高压缸抽汽，来自 6 号高加的加热器逐级自流疏水以及来自汽水分离器的疏水。三台主给水泵及其前置泵投运以将给水经过 6 号、7 号高加传输至蒸汽发生器。运行泵的小流量管线被隔离，启动给水泵及除氧器再循环泵停运，主给水流量由核辅助厂房内的主给水流量调节阀控制。

降功率和停闭过程是启动和升功率的逆过程。启动给水一般在给水流量下降到约 5%额定流量时投入，给水控制自动由主给水调节阀切换至启动给水调节阀，直至 RNS 投入运行。不管是从启动给水切换到主给水，还是从主给水切换到启动给水都是自动完成的，即使在切换过程中，蒸汽发生器水位还是处于受控状态。

3.2.4.2 异常运行

如果一列高压给水加热器(一台6号高加和一台7号高加)由于传热管破裂而被隔离,高加旁路阀开启,而负荷则应降低至约97%额定负荷。

如果一台主给水前置泵的入口滤网由于差压高需要更换,那么必须将机组的出力降至70%额定负荷。

如果出现启动给水泵出口温度高报警,这就预示着有高温流体从常关的隔离阀的排出侧通过隔离阀和再循环阀向未运行的泵的出口管线泄漏。电厂操纵员必须检查泵的出口隔离阀是否全关。如果温度的指示被证实是有效的,并且这个温度值不小于泵所处的所对应的饱和压力,这时要禁止启动这台泵并且要将其移除自动启动模式。这种情况下启动会导致气阻或水锤。

3.2.4.3 瞬态及事故工况

在电厂额定功率运行工况下,如果一台运行的主给水泵跳闸,则产生快速降负荷(RUNBACK)指令,直到负荷下降到约70%额定负荷。

在电厂额定功率运行工况下,如果三台主给水泵同时跳闸,电厂控制系统在蒸汽发生器水位达到预定值时产生两台启动给水泵的启动信号,与此同时,控制系统发出MFCV与SFCV的切换信号。

如果在发电机跳闸时丧失厂外电源,三台主给水泵跳闸,启动给水泵将在柴油发电机启动后被自动带载。在该事件下,MFCV和SFCV的切换则由失电导致的停堆信号产生。

在满功率下的紧急停堆事件中,停堆信号会导致PLS产生MFCV和SFCV的切换信号。启动给水泵不会自动投入运行,给水通过主给水联箱和启动给水总管由主给水泵送入蒸汽发生器。启动给水泵保持备用状态。运行人员也能手动停主给水泵,投入启动给水泵运行。

在事故工况下不要求启动给水系统运行,但是当主给水泵故障,为蒸汽发生器提供给水的第一层次纵深防御失效时,非安全相关的启动给水系统自动启动,起着第二层次纵深防御的作用。它与蒸汽系统共同导出反应堆冷却剂系统的显热和衰变热。

3.2.5 仪表和控制

3.2.5.1 主给水前置泵前后压差

每个主给水前置泵设置了三个压力通道。压力传感器测量主给水前置泵入口和其出口管线之间的压差。每个通道为DCS系统三取二的逻辑提供一个输入,其输出用于使主给水泵和主给水前置泵跳闸。

3.2.5.2 主给水泵出口隔离阀

主给水泵出口电动隔离阀可以在主控室手动操作,也可以置于自动模式。置于自动模式时,电动阀在对应前置泵/主给水泵跳泵时关闭,与逆止阀一起防止给水倒灌。

3.2.5.3 主给水泵小流量循环控制阀

主给水泵的小流量循环控制阀可以在主控室手动操作,但通常都是置于自动模式。小流量阀由对应泵的流量控制模块调节,以使给水泵流量大于或等于设定值。

3.2.5.4 大循环控制阀

给水大循环就是通过直到7号高加下游的大循环管线清洗设备及给水管道内的存水。

大循环控制阀的开度只能在主控室手动控制，不能自动控制。为使清洗时间尽量短，通常控制该阀使给水流量达到凝结水精处理系统的最大流量。

3.2.5.5 前置泵/主给水泵

每列前置泵/主给水泵都可以手动启动或在自动控制的情况下置于备用。在自动控制情况下，备用泵会在运行泵跳闸时自动启动。在中等负荷下，给水泵出口母管压力低信号也会导致备用泵启动。一般应手动停止运行中的泵，但下列联锁信号也会导致停泵，并且阻止泵的自启动：

（1）PMS来的主给水隔离信号，停止所有前置泵/主给水泵系列；

（2）主给水前置泵前后压差低2信号，停止所有前置泵/主给水泵系列；

（3）润滑油压力低2信号，停止相应的前置泵/主给水泵系列。

3.2.5.6 启动给水泵

每台启动给水泵都可以在主控室手动启停。自动情况下，PLS控制启动给水泵启动，而PMS控制其停止。

一台蒸汽发生器出现主给水供应不足的工况，启动给水泵自动启动。泵的自动启动信号为主给水流量低与蒸汽发生器液位低信号符合，也可以是单独的蒸汽发生器液位低2的信号。

事故工况下，RCS冷段温度 T_{COLD} 低或者蒸汽发生器窄量程水位高2时，为了防止反应堆冷却剂过冷或者蒸汽发生器水装量过大，PMS会产生给水隔离信号，此时主给水泵和启动给水泵停运。当然，手动给水隔离信号也会导致主给水泵和启动给水泵停运。当稳压器压力低于P11时，可以手动闭锁反应堆冷却剂温度低导致的停泵信号。

3.2.6 技术参数

技术参数见表3-2-1。

表3-2-1 给水系统技术参数

6号高压给水加热器		主给水泵	
型号	卧式、表面加热、U形管式	型号	卧式单级双吸叶轮泵
数量	2台	数量	3台
给水入口温度	178.5 ℃	压头	595 m
给水出口温度	200.9 ℃	设计温度	190 ℃
7号高压给水加热器		运行温度	177.3 ℃
型号	卧式、表面加热、U形管式	转速	4 660 r/min
数量	2台	流量	2 900 m^3/h
给水入口温度	200.9 ℃		
给水出口温度	226.7 ℃		

续表

主给水前置泵		除氧器再循环泵	
型号	卧式单级双吸叶轮泵	型号	卧式单级双吸叶轮泵
数量	3 台	数量	1 台
压头	190 m	流量	600 m^3/h
设计温度	190 ℃	总压头	14 m
运行温度	177.3 ℃	设计压力	1.55 MPa(a)
转速	1 500 r/min(同步转速)	设计入口压力	1.15 MPa(a)
		设计温度	205 ℃
		转速	1 500 r/min(同步转速)
		启动给水泵	
		数量	2 台
		流量	118 m^3/h
		总压头	990.6 m

3.3　蒸汽发生器排污系统(BDS)

3.3.1　系统功能

(1) 蒸汽发生器二次侧水化学控制

在电站正常运行期间，BDS 通过每个蒸汽发生器二次侧的排污流来控制蒸汽发生器二次侧水的化学性质。排污流通常经过冷却、净化后回到二回路循环。

(2) 蒸汽发生器冷却

在电站冷却期间，BDS 提供蒸汽发生器的冷却功能，用于蒸汽发生器检查和维修前加快冷却。

(3) 蒸汽发生器湿保养

在电站停堆期间，BDS 通过提供一个循环流量来保持蒸汽发生器二次侧水的化学性质在技术规格书要求之内。

(4) 蒸汽发生器疏水

在电站停堆期间，BDS 提供蒸汽发生器的疏水。

(5) 蒸汽发生器管板冲洗

BDS 通过排放蒸汽发生器管板上部的二次侧循环水，来清除蒸汽发生器管板上沉积的杂物。这个操作被称为管板冲洗。通过增大蒸汽发生器的排污流量而产生的高速流体可以冲走管板上沉积的污垢。冲洗操作可以在所有功率水平进行，并且时间通常少于一小时。

3.3.2　系统描述

BDS 系统开始于蒸汽发生器排污隔离阀(SGS-V074A/B，V075A/B)的下游。这些隔离阀位于安全壳的外面的辅助厂房，排污最后延伸到汽轮机厂房。

BDS 系统有两条 50% 处理能力的排污列，每台蒸汽发生器对应一列。每一排污列包含一台再生热交换器，一个流量控制阀，一个过滤器和一个 EDI 净化处理单元。排污流中的热量在再生热交换器中被来自 CDS 系统的凝结水回收，以提高电站的效率。每个排污列上均有一个排污流量控制阀(V006A/B)以控制排污流量和降低流体压力。在两个热交换器之间有一个连通管(V002 和 V004 所在管线)，如果一列不可运行，那么可以通过连通管实现对两个蒸汽发生器排污的处理。在管板冲洗期间，连通管也可以实现一台蒸汽发生器的排污流同时通过两个热交换器。

在每一排污列的流量控制阀下游都设有一个过滤器，用于除去排污流中的悬浮颗粒。然后排污流进入 EDI 除盐单元除去杂质离子。当 EDI 除盐单元失效并且需要更换时，可以通过一个公用旁路管线(V048A/B 所在管线)将除盐单元旁路掉。旁路管线同样可以实现两台蒸汽发生器的排污流通过一台 EDI 除盐单元进行处理。在管板冲洗期间，EDI 除盐单元被旁路。EDI 除盐单元设计的可处理排污流量为 0.061%～0.61%的最大蒸汽流量。

两个排污列在 EDI 除盐单元下游合成一条公共排污母管。在公共排污母管上设有安全阀以提供超压保护。每个 EDI 除盐单元也设有一个安全阀以提供超压保护。在公共母管上还设有压力控制阀(V050)，用于在 BDS 低压管线上保持适当的压力以防止压力控制阀的上游发生闪蒸。

一个再循环和疏水泵既用于对蒸汽发生器二次侧的疏水，又用于在蒸汽发生器湿保养和冷却运行中提供再循环流量。在蒸汽发生器湿保养或疏水运行时，排污流量控制阀、过滤器和 EDI 净化单元均被旁通，压力控制阀手动全开。在蒸汽发生器冷却运行时，排污流量控制阀、过滤器和 EDI 净化单元均被旁通，压力控制阀手动全开，排污流经再生热交换器冷却后重新返回蒸汽发生器。若有必要可以通过调节手动阀 V053 的开度进行节流。

在 BDS 的不同运行方式下，排污流或流入凝汽器，或流到 WLS 系统进行处理，或通过 FWS 管线返回蒸汽发生器。系统流程简图见图 3-3-1。

为了监控蒸汽发生器二次侧水的化学性质，需要持续对蒸汽发生器排污管线进行取样，并在二回路取样系统中进行分析。取样点位于排污热交换器下游，流量控制阀上游。

主要相关系统有 CAS，CDS，CFS，FWS，SGS，WWS，WLS 和 RMS 等系统。

3.3.3 主要设备

3.3.3.1 再生热交换器

每台蒸汽发生器的排污管线上都设有一台管壳式热交换器。热交换器位于汽轮机厂房内。排污流体在管侧流动，凝结水在壳侧流动。因此，壳侧是低压而管侧是高压。热交换器管子材料为不锈钢，壳体材料为碳钢。

3.3.3.2 再循环和疏水泵

再循环和疏水泵是一台单级离心泵，位于汽轮机厂房内。它用于蒸汽发生器的冷却、疏水和湿保养等运行模式。通过手动调节泵出口管线上的节流阀(V053)来控制泵的流量。

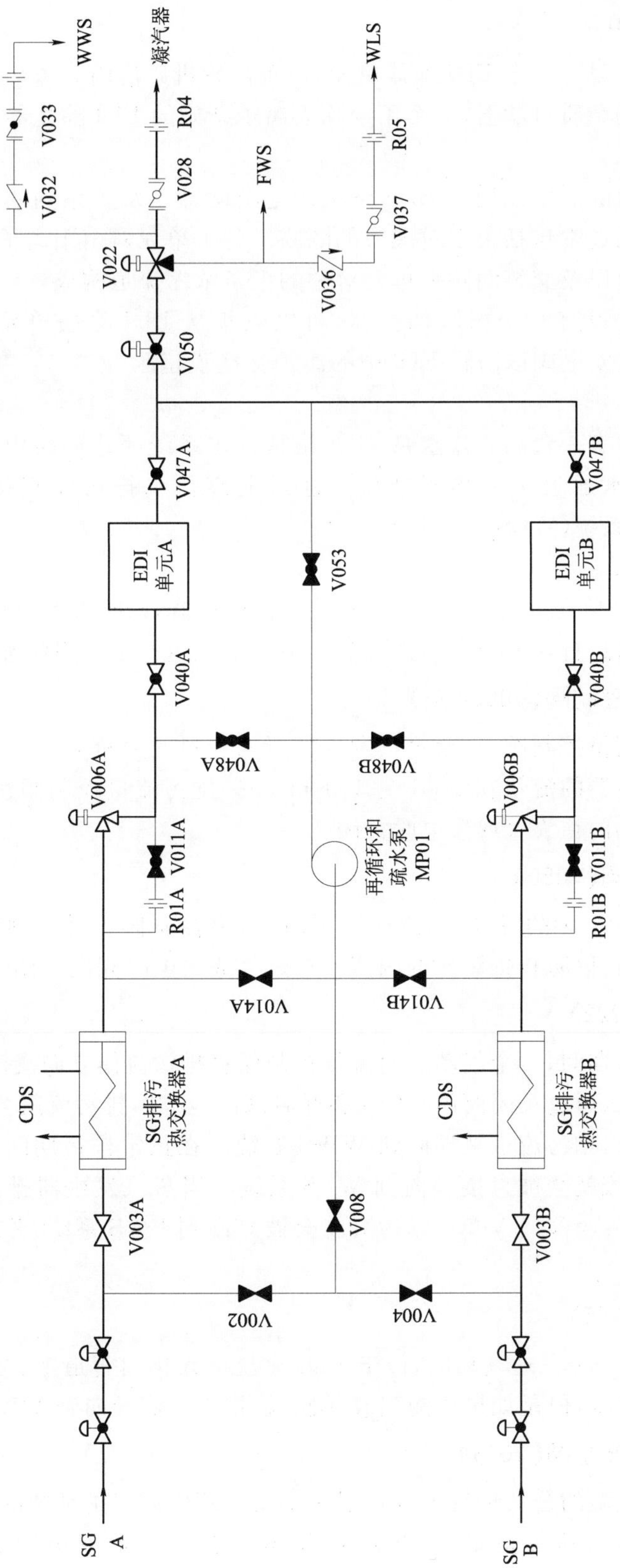

图 3-3-1　BDS流程简图

3.3.3.3 EDI除盐单元

每条排污管线上设有一个EDI除盐单元，位于汽轮机厂房内。每个EDI除盐单元包括一个用于除去悬浮的杂质过滤器，一个用于除去离子杂质的EDI除盐器和一台泵。

(1) EDI除盐器

两个系列的电解除盐单元用于BDS系统的电解除盐。每个系列的除盐装置结构为堆叠布置形式。堆叠层通常包括很多对成叠的隔膜。每个单元对由阳离子和阴离子膜之间的一个离子稀释流通道以及交替间隔在单元对中的离子浓缩流道构成。

EDI除盐管线上设有一个树脂捕捉器，可以收集从EDI除盐单元中流出的碎树脂。EDI除盐单元中设有安全阀以防止EDI中的离子交换膜超压。

(2) 泵

每个电离装置设有一台离心盐水泵，用来维持盐水系统闭式回路中的恒定流量和冲洗电解装置堆叠层盐水通道中的离子杂质。这道电离盐水排污流直接排放到废水系统(WWS)或液体废物系统(WLS)。

(3) 过滤器

在每个EDI除盐单元上游均设有5 μm的前置过滤器，以除去下泄流量中的悬浮颗粒。两个前置过滤器并联运行，一个在运行状态时，另一个就运行在备用状态。

3.3.3.4 排污流量控制阀(V006A/B)

设有两个排污流量控制阀，每台蒸汽发生器所对应排污系列一台。排污流量控制阀用来控制每台蒸汽发生器的流量在2.11～21.1 m^3/h。排污流量控制阀是气动阀门，由气动头和定位器组成。阀门在失气或失电时关闭。

3.3.3.5 压力控制阀(V050)

在EDI除盐单元下游的母管上设有一个气动压力控制阀。这个阀门用来维持其上游的压力在一定范围内，以防止排污流的闪蒸。在失气或失电时阀门关闭。

3.3.3.6 导向阀(V022)

在正常排污工况期间，一个气动三通流量控制阀将排污流体导向凝汽器。然而，如果探测到排污流很脏，那么通过关闭阀门V028和开启阀门V033，排污流就会直接被导向WWS系统。在管板冲洗时，排污流也被导向到WWS系统。在正常排污期间如果探测到高放射性的存在，那么排污流就会被直接导向到WLS系统。当蒸汽发生器排污处于湿保养或冷却运行模式时，通过关闭阀门V037，排污流就会被导向到FWS系统，并最终返回到蒸汽发生器。

3.3.3.7 导向阀(V055)

导向阀V055是一个三通气动阀，位于EDI除盐单元排出管道上。这个阀门用来将排污流导向到WWS系统，但是如果探测到放射性，就将排污流导向到WLS系统。

3.3.3.8 公共母管安全阀(V013)

在压力控制阀上游的公共母管上设置了一个安全阀用以保护系统的这段低压管线免受超压。这个阀门的设计排放流量是63.6 m^3/h，与蒸汽发生器管板冲洗时的最大流量相匹配。

3.3.3.9 BDS 连通阀/旁路阀(V002,V004,V014A/B,V048A/B)

连通阀(V002 和 V004)在管板冲洗,SG 疏水和 SG 湿保养时起到连通或旁路的作用。在 SG 管板冲洗期间,这两个阀门用来将一个 SG 的排污流同时导向两个排污热交换器以冷却排污流。在 SG 湿保养和疏水的时候,这两个阀门用来旁路排污列,并使用再循环疏水泵将排污流打回 SG 或者送往 WWS。

在 SG 冷却期间,旁路阀(V014A/B)用来旁路流量控制阀和 EDI 除盐单元。排污热交换器、再循环和疏水泵用来冷却和将 SG 排污流打循环。

旁路阀(V048A/B)用来在进行 SG 管板冲洗操作时旁路 EDI 除盐单元。管板冲洗的流量由流量控制阀的旁路进行控制,最终将排污流排至 WWS 系统。

3.3.4 系统运行

3.3.4.1 正常运行

(1) 电厂启动

在电厂启动过程中,反应堆从冷停堆状态上升到零功率温度和压力状态,随后提升至满功率。在功率运行(反应堆功率>5%)之前,两个蒸汽发生器的排污流量均被设置在最大值,以有利于启动过程中启动给水流量控制阀的控制。但如果想获得足够的升温速率时,可以适当降低排污流量。若蒸汽发生器排污水中的杂质水平超过化学导则的要求,则将排污流排至生产废水系统(WWS)。如果二回路水质满足化学导则的要求,则可以将排污流经除盐净化后送往凝汽器。

EDI 除盐单元最高设计运行温度为 51.7 ℃。在电厂启动运行时,凝结水流量控制阀通过调节壳侧的凝结水流量可以自动控制再生热交换器管侧出口温度低于 51.7 ℃。当再生热交换器管侧出口温度升高到 54.4 ℃时,排污流量控制阀将自动关闭,以保护 EDI 除盐单元不受损坏。

(2) 正常功率运行

BDS 系统在控制水化学上的效果取决于排污流量的大小。正常的排污流量范围是从 0.061%最大蒸汽流量到 0.61%的最大蒸汽流量,二回路取样系统对每个蒸汽发生器的排污流取样分析确定杂质的含量后确定具体的排污流量。在正常功率运行期间,杂质含量低,每台蒸汽发生器预期的排污流量大约为 2.11 m^3/h。如果由于腐蚀产物累积、蒸汽发生器传热管破裂或凝汽器传热管破裂而导致二回路水质恶化,为了维持二回路水的化学性质,需要增大排污流量。排污流量最大值为 21.1 m^3/h。排污流经过冷却、降压、净化和放射性监测后,最终被排至凝汽器。

(3) 蒸汽发生器管板冲洗

为了尽可能减少蒸汽发生器管板表面杂质的积聚,BDS 系统通常会进行一个短时的管板冲洗操作。此操作的时间基本小于一个小时,其流量为 64 m^3/h。这个操作产生的高速流体足以清除管板上沉积的污垢。为了获得这种高速流体,一台蒸汽发生器的排污被隔离,而另一台蒸汽发生器的排污以大约 32 m^3/h 的流量同时通过每个再生热交换器。蒸汽发生器排污的隔离是通过两步来实现的,首先关闭两个排污列的排污流量控制阀,然后再关闭所对应蒸汽发生器的排污隔离阀(SGS-V075A/B)。这时所有的排污流量控制阀、过滤器和

EDI除盐单元都被旁路,而压力控制阀被全开。在排污流量控制阀的旁路上有一个节流阀(V011A/B)和一个流量限制孔板(R01A/B)。通过手动调节节流阀的开度可以获得一个合适的流量。这个操作过程中的排污流直接排向生产废水系统(WWS)。

(4) 蒸汽发生器冷却

在电厂冷却期间,BDS系统可以在蒸汽发生器压力低于0.862 MPa(g)时,由蒸汽发生器再循环和疏水泵将排污流打循环来冷却蒸汽发生器。这可以在蒸汽发生器检查和维修前加速蒸汽发生器的冷却速度。这个操作过程中排污流量控制阀和EDI除盐单元都被旁路,而压力控制阀手动全开。打开蒸汽发生器再循环和疏水泵上游的手动阀(V014A/B)和其下游的节流阀(V053)后,再循环和疏水泵可以为每台蒸汽发生器提供一个最大约22.7 m^3/h的排污流量通过热交换器以循环冷却二次侧水。再循环和疏水泵将冷却后的排污流通过FWS的管线送回到蒸汽发生器。

(5) 蒸汽发生器湿保养

在冷停堆状态下,湿保养可以维持蒸汽发生器中的二次侧循环水的化学性质在各自的限值以内。通过常规岛化学加药系统(CFS)向排污循环流中添加的化学药剂来控制二次侧水的pH值和溶解氧的含量。在这种运行方式下,热交换器、流量控制阀和EDI除盐单元都被旁路,压力控制阀手动全开。再循环和疏水泵可以为每台蒸汽发生器提供大约22.7 m^3/h的排污流量,并通过FWS的管线返回到蒸汽发生器。

(6) 蒸汽发生器疏水

如果需要对蒸汽发生器内部进行检修或者维护,那么BDS系统可以使用再循环和疏水泵对蒸汽发生器进行疏水。在这种运行方式下,热交换器、流量控制阀和EDI除盐单元都被旁路,压力控制阀手动全开。再循环和疏水泵可以为每台蒸汽发生器提供大约22.7 m^3/h的排污流量。如果排污流没有放射性,则可以直接排放到生产废水系统;如果排污流具有放射性,则排污流被排放到核岛液体废物系统(WLS)。

3.3.4.2 异常运行

(1) 凝汽器传热管泄漏

如果凝汽器传热管发生泄漏,当二次侧循环水的杂质浓度超出蒸汽发生器运行限值时,排污流速将会增至最大值并且直接排向WWS系统,并旁路EDI除盐单元。对于一个缓慢的小破口($<$0.227 L/h),电厂可以维持在满功率运行。BDS系统和CPS系统一起可以处理这种小破口所引起的水质恶化的情况,因此并不需要降功率。

如果凝汽器传热管泄漏速率为22.7 L/h或者更高,排污流速将会增至最大值并且直接排向WWS系统。电厂功率水平降至30%左右并且BDS系统和CPS系统一起可以维持这种功率运行,并可维持二次侧水的杂质水平不会超限。同时凝汽器水室可以被隔离以实现在线的维修。当凝汽器的维修完成后,电厂可以返回到正常运行状态。

(2) 高放射性

如果发生蒸汽发生器传热管的泄漏,那么辐射监控器将会探测到排污流中放射性的存在,排污流就会自动转向WLS系统。如果放射性达到一个高报值,那么排污流量控制阀和SGS系统的排污隔离阀都会自动关闭。辐射控制器的附近有一个就地手动取样接口以对辐射控制器的读数进行周期性的确认。

(3) 其他异常工况

如果由于 CDS 系统,SGS 系统或者 BDS 系统的异常状态而使得 BDS 系统出现异常的运行工况,如高流量或高温的存在,那么 BDS 流量控制阀和对应的 SGS 的排污隔离阀将自动关闭以隔离受影响的那个排污系列。在这种情况下,为了恢复被隔离的排污系列,操纵员必须手动开启 SGS 的排污隔离阀。

3.3.4.3 瞬态及事故工况

在一个设计基准事故工况下,BDS 系统将会与 SGS 系统隔离开。BDS 系统在事故期间或事故后并不需要运行。

3.3.4.4 注意事项

(1) 离子交换树脂

为了避免 EDI 中的薄膜被损坏,进入 EDI 除盐单元的排污流体的温度必须小于 51.7 ℃。通过调节热交换器壳侧凝结水的流量来控制热交换器中管侧排污流体的温度在 51.7 ℃以下。如果热交换器不能维持排污流体的温度在 51.7 ℃以下,为了保护 EDI 除盐单元不受损坏,BDS 系统的排污流量控制阀将会在热交换器出口温度达到 54.4 ℃时关闭。

(2) 只使用一列排污管线时

如果一条排污系列不可用,那么 BDS 可以使两台蒸汽发生器的排污都流经另外一条排污系列。在正常排污运行期间,最大的排污流量为 42.2 m^3/h。因此,如果两台蒸汽发生器的排污都流经一条排污管线,那么最大的排污流量为 21.1 m^3/h。

3.3.5 仪表和控制

(1) 排污公共母管压力(PT-005)

PT-005 位于 EDI 下游的公共母管上,用于监测公共母管的压力。当压力达到一个设定值时就会发出一个信号用于关闭蒸汽发生器排污隔离阀和排污流量控制阀。

(2) 热交换器出口温度(TE002A/B)

热电阻温度计 TE002A/B 用于测量热交换器出口温度。当热交换器出口温度达到一个高 2 定值时就会发出一个信号用于关闭蒸汽发生器排污隔离阀和排污流量控制阀。

(3) 蒸汽发生器排污流量(FT-006A/B)

排污流量计位于排污流量控制阀下游,用于自动控制排污流量等于操纵员的设定值。当排污流量达到一个高 2 定值时就会发出一个信号用于关闭蒸汽发生器排污隔离阀和排污流量控制阀。

(4) 辐射测量(RE-010/011)

辐射测量仪表 RE-010 位于阀门 V022 上游,用于在放射性高时自动将阀门 V022 切换到通向 WLS 系统。当排污流量达到一个高 2 定值时就会发出一个信号用于关闭蒸汽发生器排污隔离阀和排污流量控制阀。

辐射测量仪表 RE-011 位于阀门 V055 上游,用于在放射性高时自动将阀门 V055 切换到通向 WLS 系统。当排污流量达到一个高 2 定值时就会发出一个信号用于关闭蒸汽发生器排污隔离阀和排污流量控制阀。

3.3.6 技术参数

技术参数见表3-3-1。

表3-3-1 技术参数

项目	参数值
功率运行	
最小排污流量	2.11 m^3/h/SG
最大排污流量	21.1 m^3/h/SG
热交换器下游温度	51.7 ℃
热交换器上游温度	291.7 ℃(热备用) 262.2 ℃(满功率)
其他工况下的排污流量	
SG冷却	22.7 m^3/h/SG
SG疏水	22.7 m^3/h/SG
SG湿保养	22.7 m^3/h/SG
SG管板冲洗	63.6 m^3/h/SG

3.4 凝结水精处理系统(CPS)

3.4.1 系统功能

凝结水精处理系统(CPS)用来除去凝结水中的杂质，以确保达到蒸汽发生器规定的给水水质。其主要功能如下：

(1) 在机组启动阶段，凝结水精处理系统的投入可使凝结水较快地达到回收指标，从而减少凝结水的排放量，并缩短机组启动时间；

(2) 在机组正常运行期间，凝结水精处理系统的投入，可除去因凝汽器微量泄漏而进入凝结水的杂质以及热力系统产生的腐蚀产物，以确保给水水质；

(3) 在凝汽器突然发生较大泄漏事故时，凝结水精处理系统的投入，可为机组提供足够后撤时间，避免紧急停堆。

3.4.2 系统描述

待处理的凝结水从凝结水泵出口母管进入凝结水精处理装置，先经过前置阳床处理，除去凝结水中的绝大部分氨及腐蚀产物，然后经过混床精处理，以彻底除去凝结水中的微量盐分以及前置阳床漏过的离子状杂质，满足蒸汽发生器水质的要求。混床出口的净凝结水通过净凝结水泵送回凝结水系统。凝结水精处理运行时，在凝结水精处理系统进出口之间的凝结水管道上的阀门关闭，确保凝结水达到全流量精处理的目的。

经过精处理的凝结水，其 pH 下降(pH6.5～7.5)，此时需加氨来调节 pH，使凝结水的 pH 维持在大于 9.5(实际运行时，为了减轻精处理系统阳床的负担，一般控制 pH＞9.2)。加氨点位于混床出口母管，设置在 pH 取样点之前，也即净凝结水泵进口母管上。而在凝结水精处理系统未投运时，加氨及加联氨点则设在凝结水母管上，即净凝结水泵出口母管与凝结水母管相连的三通管之后。

前置阳床失效后，先投入备用阳床，然后将失效阳床中的树脂送至体外再生装置进行擦洗和再生，并将已再生好的阳树脂送入卸空的阳床备用。阳树脂的再生剂为硫酸，通过硫酸配置装置将硫酸送入再生罐，使阳床树脂得以彻底的再生。

混床失效后，首先投入备用混床，然后将失效的阳、阴树脂送至树脂分离罐，同时将储存在再生系统内并再生好的备用树脂送入卸空的混床备用。在分离罐内，先对阳、阴树脂进行擦洗，然后通过反洗使阳、阴树脂分层。其原理是利用两种树脂的不同比重和不同颗粒直径而自然沉降分层，分层后阴树脂在阳树脂的上部，阳、阴树脂将分别进行再生。上部阴树脂送至阴再生罐再生，再生剂为高纯度经混合器稀释的 NaOH。底部阳树脂送至阳再生罐再生，再生剂为经混合器稀释的硫酸。再生剂将通过各自的配药装置分别进入各再生罐。

设有两套完整的体外再生装置，其中一套用于前置阳床的阳树脂擦洗和再生，一套用于混床阳、阴树脂的擦洗、分层、分离和再生。前置阳床的体外再生装置为两台交替使用的再生罐；混床体外再生装置包括一台树脂分离罐，一台阳树脂再生罐和一台阴树脂再生兼储存罐。

设有一套完整的酸、碱储存及计量设施。再生时酸、碱的输送及计量采用计量泵。碱液以热水箱提供的热水稀释配置。

设有一套完整的酸、碱再生废水收集设施，废水收集后，泵入废水储存排放及处理系统处理，废水经中和处理符合排放标准后排放。

设有一台 1 000 m^3 的除盐水箱，提供前置阳床、混床离子交换器再生用除盐水。

另外，每台阳床和混床出口管道上装有树脂捕捉器，以防止碎树脂漏入凝结水中。

主要相关系统有 CDS，DWS 和 CAS 等系统。

3.4.3 主要设备

凝结水精处理及再生装置布置在汽轮机厂房 0 m 层。

凝结水精处理系统主要设备参数见表 3-4-1。

表 3-4-1　CPS 主要设备参数

设备	数量	参　　数
前置阳床	6 台	DN3 200，树脂层高 1 100 mm，球形，钢制衬胶，设计压力 3.5 MPa(g)
混床	6 台	DN3 200，树脂层高 1 100 mm，阳阴树脂比 1∶2，球形，钢制衬胶，设计压力 3.5 MPa(g)
树脂捕捉器(阳)	6 台	DN850，不锈钢滤元，筛选精度(0.25±0.05)mm，设计压力 3.5 MPa(g)
树脂捕捉器(混)	6 台	DN850，不锈钢滤元，筛选精度(0.25±0.05)mm，设计压力 3.5 MPa(g)
再循环泵(阳)	1 台	流量 538 m^3/h，压头 0.33 MPa(g)，泵壳耐压 3.5 MPa(g)
再循环泵(混)	1 台	流量 538 m^3/h，压头 0.33 MPa(g)，泵壳耐压 3.5 MPa(g)

续表

设备	数量	参数
前置阳床树脂再生罐	2台	DN 2 400,柱形,钢制衬胶
混床用阳树脂再生罐	1台	DN 1 400,柱形,钢制衬胶
阴树脂再生及树脂储存罐	1台	DN 2 000,柱形,钢制衬胶
清洗水泵	2台	流量 60 m^3/h,压头 0.6 MPa(g)
再生水泵	2台	流量 200 m^3/h,压头 0.6 MPa(g)
再生用除盐水箱	1台	体积 1 000 m^3,DN12 000,不锈钢

3.4.4 系统运行

每台机组凝结水精处理系统设置六台前置阳床,其中五台连续运行,一台(完全再生好的)作为备用;设置六台高速混床,其中五台连续运行,另一台(完全再生好的)作为备用。当前置阳床发生压降过大,表明载留了大量的固体杂质,或因出口阴电导升高以及高速混床出口电导率升高或二氧化硅升高而指示失效时,前置阳床、高速混床将分别退出运行。当上述任一种情况发生时,失效的树脂将分别用水力输送至再生系统进行反洗和彻底的化学再生。

当一台前置阳床或高速混床失效时,处于备用状态的前置阳床或高速混床将投入运行。投运前,必须先经过再循环管路进行冲洗,待出水电导合格后,再正式投入运行。

当需要将凝结水精处理装置从凝结水系统退出时,只需将精处理装置入口母管上的阀门关闭及净凝结水泵停运即可达到(凝结水精处理系统进出口之间的凝结水管道上的阀门开启),凝结水系统即按无精处理装置的方式运行。

在正常运行工况下,凝汽器精处理系统只在二回路水质异常时投运。精处理系统能够处理 5 L/h 的持续海水泄漏,为维修人员提供足够修理时间,或者使机组可控后撤至停堆工况。

3.4.5 仪表和控制

在下列情况下,凝结水精处理树脂床退出运行:

(1) 树脂床进出口压差高;

(2) 流出液电导高,离子交换树脂饱和。

当凝结水温度超过 55 ℃时整套精处理装置退出运行。

树脂捕捉器前后压差计提供压差指示,并在压差高时报警,提醒操纵员对捕捉器反冲洗。

3.4.6 技术参数

正常运行工况下,凝结水精处理系统的出力为 4 096 m^3/h,最大为 4 283 m^3/h。凝结水精处理系统运行时,为了保证机组安全、稳定运行,必须严格控制出水水质。

凝结水精处理系统进出口水质参数见表 3-4-2。

表 3-4-2 凝结水精处理系统进出口水质

项目	单位	进口		出口
		启动阶段	正常运行	正常运行
氨	mg/L		0.8～2.17	—
联氨	mg/L		不确定	—
总溶解固形物	μg/L $CaCO_3$	2 000	50～500	—
铁	μg/L	500～1 000	10～20	≤5
硅	μg/L	30		<10
铜	μg/L		2	<1
钠	μg/L	50	20	<0.06
氯	μg/L	40	10	<0.15
硫酸根	μg/L	35	5	≤0.10
电导率(25 ℃)	μS/cm	12.4	12	<0.1

3.5 加热器疏水和排气系统(HDS)

3.5.1 系统功能

(1) 高低压疏水传输

疏水系统将高压疏水逐级输送至除氧器。高压疏水包括汽水分离器(MS)本体疏水和汽水分离再热器(MSR)管侧疏水,也包括高压加热器加热蒸汽凝结下来的疏水。

疏水系统将 1 号和 2 号低压加热器的低压疏水逐级输送至凝汽器。而 3 号和 4 号低压加热器的低压疏水则由加热器疏水泵输送至凝结水系统。疏水中的余热在给水回热循环被重新利用,从而提高了电厂热效率。

必要时,疏排水系统也可以直接将 MS 本体疏水、MSR 管侧疏水、高压加热器疏水以及低压加热器疏水输送至凝汽器。

(2) 汽水分离再热器管侧及给水加热器壳侧排气

HDS 为不凝结气体排出 MSR 管束提供排气管道。

高压加热器壳侧排气管道与除氧器相连,持续排出不凝结气体,以维持加热器传热性能。

低压加热器壳侧排气管道逐级或直接与凝汽器相连,持续排出不凝结气体,以维持加热器传热性能。

3.5.2 系统描述

加热器疏水和排气系统(HDS)是一个疏水排气的输送系统。HDS 主要在凝结水系统、主给水系统以及汽水分离再热器系统间传输疏水,与凝结水系统及主蒸汽系统配合来达到防止汽轮机进水的目的。HDS 主要设备有:两个 MS 本体疏水箱、四个 MSR 一级疏水箱、四个 MSR 二级疏水箱、两个 50%的 MS 疏水泵、两个低加疏水箱、两个 50%的低加疏水泵、调节阀、系统管道和相关系统仪表。HDS 管道及设备都位于汽轮机厂房内。

3.5.2.1 高低压疏水传输

正常工况下，MSR 二级加热器管侧疏水流入 MSR 二级疏水箱，然后被输送到 7 号高压加热器，如图 3-5-1 所示。

正常工况下，MSR 一级加热器管侧疏水流入 MSR 一级疏水箱，然后被输送到 7 号高压加热器，如图 3-5-1 所示。

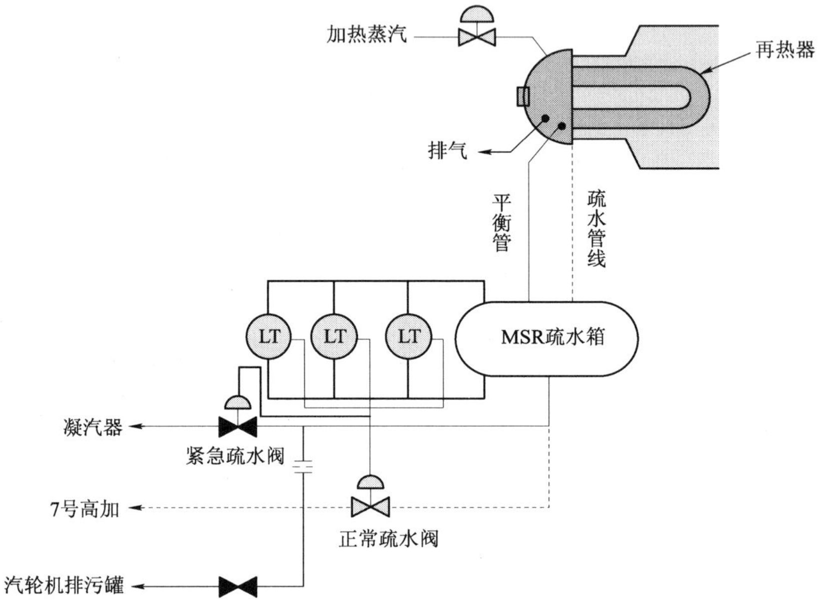

图 3-5-1 MSR 疏水系统

在 MS 中，高压缸排汽中的水分被分离出来并汇集到 MS 疏水箱中，正常工况下，MS 疏水被 MS 疏水泵输送至除氧器，如图 3-5-2 所示。

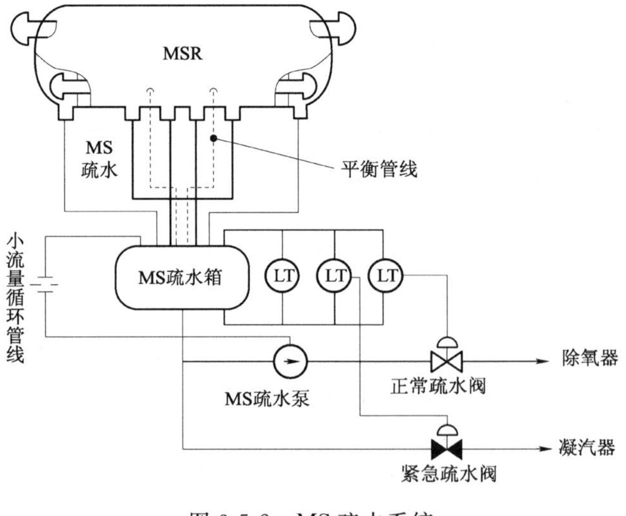

图 3-5-2 MS 疏水系统

7 号高加的正常疏水要逐级自流到 6 号高加，6 号高加的正常疏水要逐级自流到除氧器，如图 3-5-3 所示。

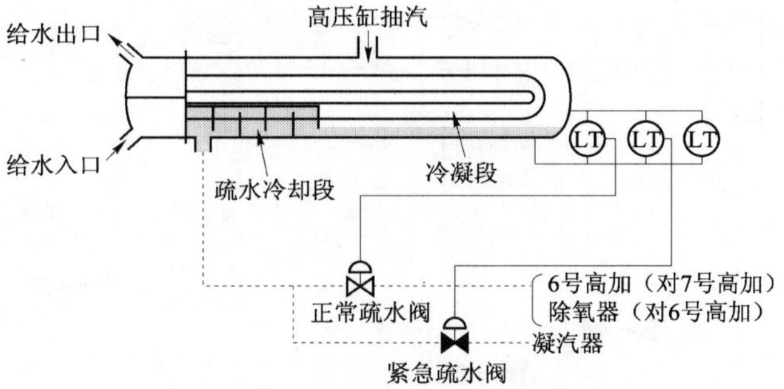

图 3-5-3　高压给水加热器疏水系统

每个高压给水加热器及 MS/MSR 疏水箱的疏水管道上都有一条直接与凝汽器相连的紧急疏水管道，该管道具有快速疏水能力，以防止在异常情况下加热器(或疏水箱)满水。

3 号和 4 号低压给水加热器的正常疏水通过控制阀连接到低压疏水箱，然后由低压疏水泵输送到 3 号低压给水加热器下游的凝结水管道中，如图 3-5-4 所示。

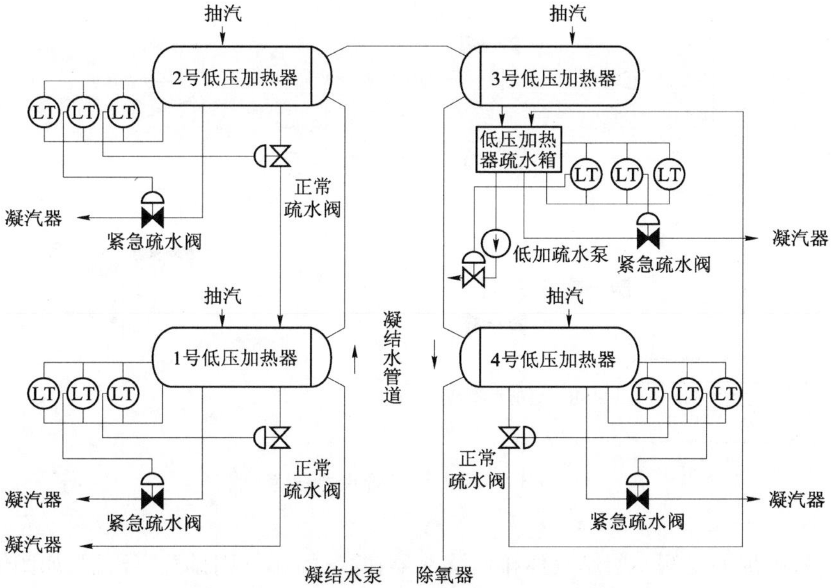

图 3-5-4　低压给水加热器疏水系统

2 号低压给水加热器的正常疏水逐级自流到 1 号低压给水加热器，1 号低加则正常疏水至凝汽器。

1 号、2 号和 4 号低压给水加热器及低压疏水箱都有一条直接与凝汽器相连的紧急疏水管道。

3.5.2.2　汽水分离再热器管侧及加热器壳侧排气

电厂正常运行工况下，MSR 二级加热器管束排气排至 7 号高加；而在异常情况或 7 号高加未投运的电厂启动工况下，排气则直接排至凝汽器，如图 3-5-5 所示。

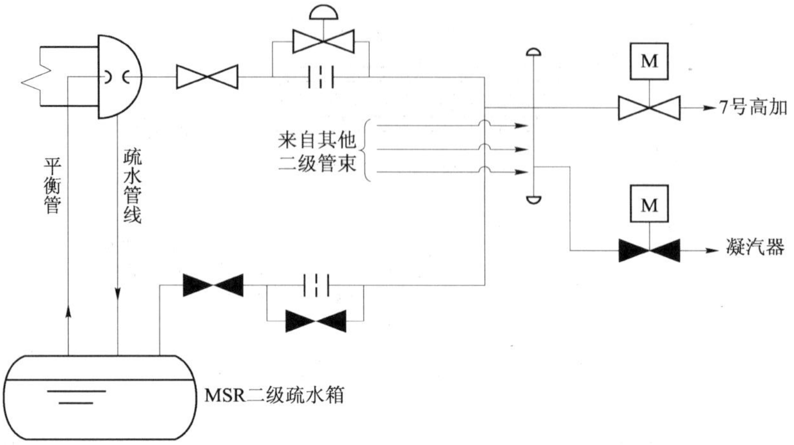

图 3-5-5 MSR 二级管束排气系统

正常情况下，MSR 一级加热器管束排气排至除氧器，而其紧急排气则直接排至凝汽器，如图 3-5-6 所示。

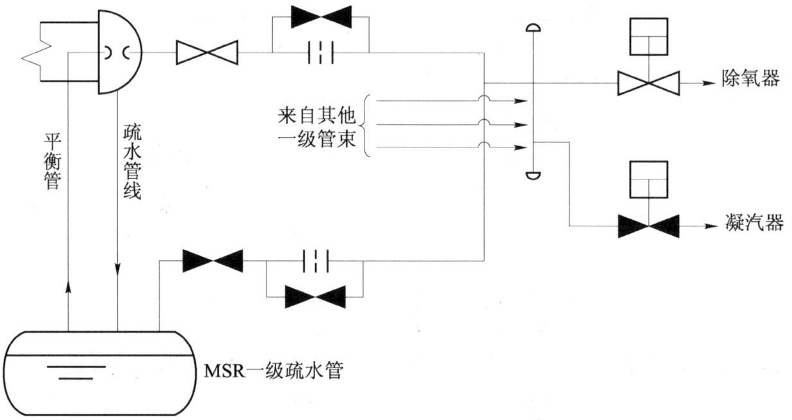

图 3-5-6 MSR 一级管束排气系统

6 号和 7 号高加的壳侧不凝结气体排向除氧器；除氧器排气则排至凝汽器，如图 3-5-7 所示。

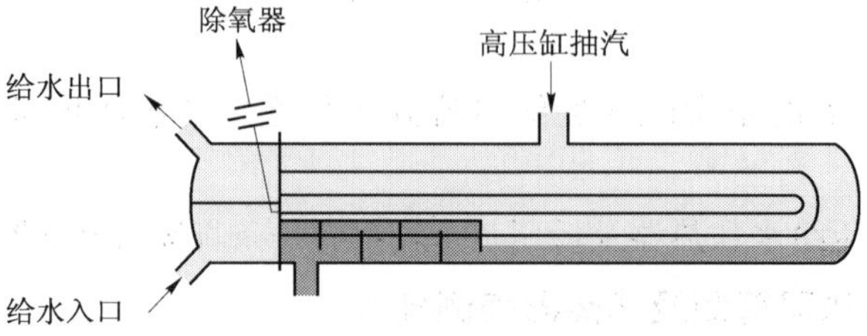

图 3-5-7 高加排气系统

4 号低压加热器排气去往 3 号低加，3 号、2 号和 1 号低加的排气直接排至凝汽器，如图 3-5-8 所示。

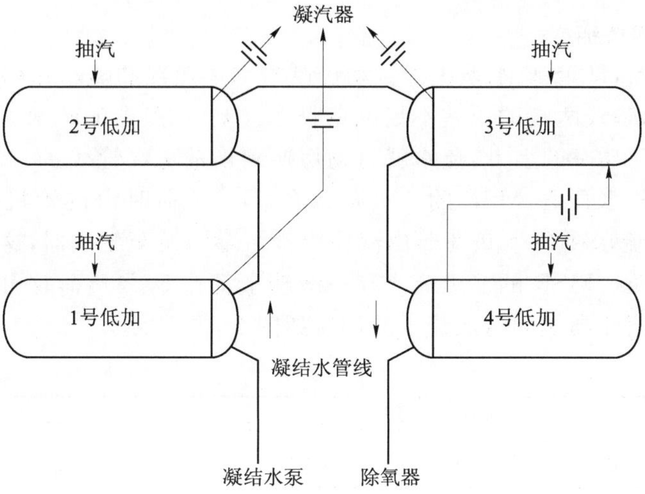

图 3-5-8 低加排气系统

主要相关系统有 CDS，FWS，CAS，PGS 和 DWS 等系统。

3.5.3 主要设备

（1）MSR 二级加热器疏水箱

二级疏水箱为水平圆筒形压力容器，椭圆形封头，铰接盖人孔。二级疏水箱设置的目的是为了将 MSR 二级加热器疏水水位保持在一个适合的液位。箱中的疏水排至高压给水加热器。

（2）MSR 一级加热器疏水箱

一级疏水箱为水平圆筒形压力容器，椭圆形封头，铰接盖人孔。一级疏水箱的设置目的是为了将 MSR 一级加热器疏水水位保持在一个适合的液位。箱中的疏水排至高压给水加热器。

（3）MS 本体疏水箱

MSR 壳体疏水箱为水平圆筒形压力容器，椭圆形封头，铰接盖人孔。

MSR 壳体疏水箱的设置目的是为了将 MS 本体疏水保持在一个适合的液位。箱中的疏水通过 MSR 疏水泵排至除氧器。

（4）低加疏水箱

系统配置了两台水平圆筒形低加疏水箱。疏水箱是低加疏水泵的供水箱，处于 1 层，能为低加疏水泵提供足够的 NPSH。

（5）MS 疏水泵

MS 疏水泵是水平单级双吸泵，直立中分结构。

（6）低加疏水泵

低加疏水泵是单级双吸，双蜗壳泵，包括直立中分式泵壳，端盖，机械密封以及轴承。

3.5.4 系统运行

3.5.4.1 正常运行

（1）高低压疏水传输

从电厂启动开始，HDS疏水系统即自动控制给水加热器和疏水箱的水位。在低负荷运行时，由于正常疏水管线两端的压差不足以克服静位差，加热器的疏水通过紧急疏水管线排到凝汽器。随着电厂功率的上升，疏水就自动切换到正常疏水管线。

通过利用紧急疏水管道，MSR的二级疏水在35%负荷时由汽轮机排污罐切换至凝汽器，而MSR的一级疏水在30%负荷时由汽轮机排污罐切换至凝汽器，这样通过凝结水精处理保持了给水的水质。MSR的二级疏水和一级疏水都在50%负荷时由凝汽器切换至7号高压给水加热器。同样高加和低加疏水的切换如图3-5-9所示。

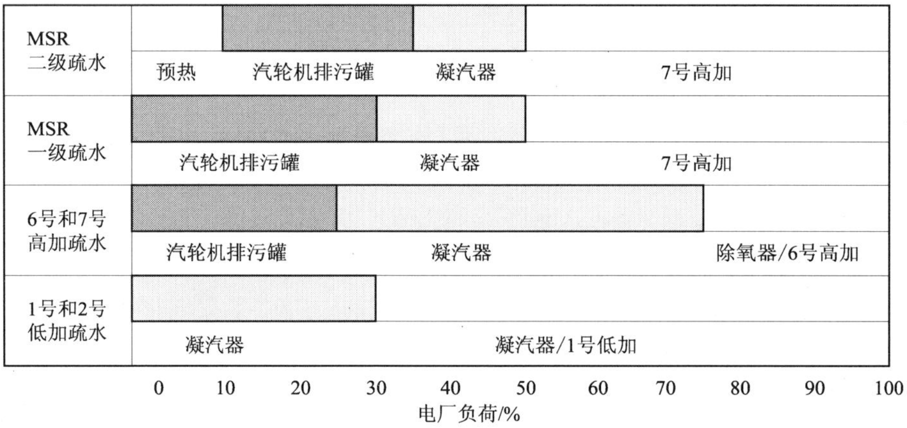

图3-5-9 启动过程加热器疏水切换图

（2）MSR

HDS排气系统控制加热器排气去往除氧器或凝汽器。电厂正常运行工况下，不凝结气体通过节流孔板，孔板旁路阀关闭。

MSR二级加热器排气孔板的旁路阀在电厂功率超过35%时才逐渐关闭，到90%功率时全关，如图3-5-10所示。

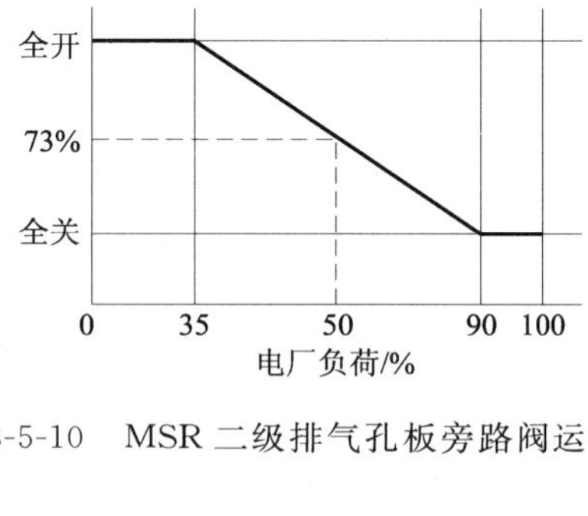

图3-5-10 MSR二级排气孔板旁路阀运行图

3.5.4.2 异常运行

HDS在大部分异常工况，如汽轮机跳机等时，都能自动响应，而不需要人为干预。

3.5.4.3 瞬态及事故工况

当给水加热器水位高2时，上级逐级自流疏水隔离，抽汽逆止阀关闭或者凝结水隔离阀关闭。此时操纵员应该确认正常疏水阀及紧急疏水阀开启。

3.5.5 仪表和控制

3.5.5.1 给水加热器,MSR 疏水箱和低压加热器疏水箱液位控制阀

疏水阀一般处于自动控制模式,由给水加热器、MSR 疏水箱和低压加热器疏水箱水位控制装置控制以维持容器水位。

给水加热器和 MSR 疏水箱水位控制采用两段式控制:正常水位段控制和高水位段控制。正常疏水控制阀维持水位在正常水位段内,紧急疏水控制阀则是在异常情况下将疏水快速排向凝汽器,以防止满水。在电厂瞬态及其他一些异常情况下,水位分段控制使得 HDS 在操纵员干预前即能及时自动消除异常水位,以避免加热器被隔离。

疏水阀也可以在主控室手动控制;操纵员可以超控自动控制信号,强制打开及关闭阀门,或将其置于任何的中间位置。

3.5.5.2 MSR 壳侧疏水泵

MSR 壳侧疏水泵可以在主控室手动启动或停运。不过泵手动启动的前提是不存在下述联锁信号:MS 本体疏水箱水位低 2、除氧器水箱水位高以及甩负荷信号。一旦泵启动了,只有手动停泵或出现上述信号,又或者出现电气保护信号时,它才会停运。

3.5.5.3 低压加热器疏水泵

低加疏水泵可以在主控室手动启动或停运。不过泵手动启动的前提是不存在下述联锁信号:

(1) 低加疏水箱水位低 2;

(2) 除氧器水箱水位高;

(3) 甩负荷信号。

一旦泵启动了,只有手动停泵或出现上述信号,又或者出现电气保护信号时,它才会停运。

3.5.6 技术参数

技术参数见表 3-5-1。

表 3-5-1　技术参数

项　目	参数值
MSR 二级疏水箱	
设计压力	8.17 MPa(g)
设计温度	316 ℃
数量	4 个
内径	1 000 mm
长度	1 300 mm
容积	0.64 m^3
MSR 一级疏水箱	
设计压力	3.65 MPa(g)

续表

项　目	参数值
设计温度	250 ℃
数量	4个
内径	1 100 mm
长度	1 900 mm
容积	1.08 m^3
MS本体疏水箱	
设计压力	1.15 MPa(g)
设计温度	190 ℃
数量	2个
内径	1 700 mm
长度	2 400 mm
容积	3.37 m^3
低加疏水箱	
设计压力	0.09 MPa(g)
设计温度	120 ℃
数量	2个
内径	1 500 mm
长度	2 200 mm
容积	2.27 m^3
MS疏水泵	
类型	立式单级双吸泵
数量	2台
流量	470 m^3/h
总压头	40 m
电机功率	75 kW
低加疏水泵	
类型	立式单级双吸泵
数量	2台
流量	320 m^3/h
总压头	170 m

3.6 汽轮机疏水系统(TDS)

3.6.1 系统功能

汽轮机疏水系统包括疏水收集系统和汽轮机排污系统。

(1) 疏水收集系统

疏水收集系统收集来自以下各处的疏水：汽轮机入口蒸汽管道，抽汽管道，汽轮机旁路管道，MSR 一级和二级疏水箱，汽水分离器疏水箱，低加疏水箱，高压加热器和低压加热器，还有高压缸和低压缸轴封蒸汽管道等。

（2）汽轮机排污系统

汽轮机排污系统收集来自以下管线的排污水：启动前用于清洗凝结水系统和给水系统的排污管线；用于预热蒸汽系统的排污管线；启动过程中用于清洗加热器疏水系统的排污管线。

3.6.2　系统描述

（1）疏水收集系统

在机组启动和停运期间，快速有效地移除蒸汽管道里面产生的疏水是极为重要的。管道里的疏水可以引起水锤，热应力导致的管道损坏，水冲击导致的腐蚀以及水倒流入汽轮机而引起汽轮机损坏等危险事件，因此疏水需要及时排出。

因此，在蒸汽管道的低点以及抽汽逆止阀和抽汽隔离阀前后容易产生疏水的低点都设置了疏水管道。这些疏水管道连接到疏水母管上或者直接连接到凝汽器上。

（2）汽轮机排污系统

汽轮机排污罐里的排污水进行汽水分离。闪蒸汽被排向大气而水被排到热水坑。通过向汽轮机排污罐的疏水管线注入工业水，汽轮机排污罐排出水的温度被降低。

3.6.3　系统设计参数

TDS 系统的技术参数见表 3-6-1。

表 3-6-1　汽轮机排污罐技术参数

项　目	参数值
数量	1 台/机组
内径	2 900 mm
长度	3 300 mm
容积	21 m^3

3.6.4　系统运行

3.6.4.1　正常运行

（1）疏水收集系统

疏水器的旁路管线上设有疏水器旁路阀。正常运行期间产生的疏水可以通过疏水器间歇地排向凝汽器，疏水器旁路阀保持关闭。

（2）汽轮机排污系统

在正常运行时这个系统中除了主蒸汽的疏水之外没有其他的疏水，因此这个系统通常在启动和低负荷运行时使用。在启动过程中主蒸汽管道暖管的排污水排向汽轮机排污罐，而在正常运行时则排往凝汽器。

3.6.4.2 瞬态和故障

(1) 疏水收集系统

在汽轮机启动和停运的时候疏水阀必须自动打开或者手动操作。

这些排污管线在机组启动的时候通过使蒸汽流动可以达到有效预热的功能。

同样,由主蒸汽供汽的管线的疏水管线具有通往汽轮机排污罐的排污管线以进行汽轮机启动前的预热。

(2) 汽轮机排污系统

这个系统用于进行以下操作:

1) 启动前凝结水系统和主给水系统清洗时水质的调整

① 在低压净化阶段除氧器水箱的排污;

② 7 号高加出口管线的排污;

③ 在向 FWBP 入口管道充水以净化滤网期间,FWBP 入口滤网的排污。

2) 机组启动时蒸汽的暖管和疏水器旁路阀或预热排污阀运行时蒸汽的暖管

① MSV 入口疏水和主蒸汽母管疏水的排污;

② 轴封蒸汽管道疏水的排污;

③ 辅助蒸汽管道疏水的排污;

④ MSR 二级加热蒸汽管道疏水的排污。

3) 低负荷运行时加热器疏水系统的水质调整

① MSR 二级疏水直到汽轮机负荷为 35%;

② MSR 一级疏水,MS 疏水泵和低加疏水泵出口管道疏水的排污直到汽轮机负荷为 30%;

③ 7 号和 6 号高加疏水的排污直到汽轮机负荷为 25%。

3.6.4.3 异常运行工况

(1) 疏水收集系统

这个系统中临近汽轮机和抽汽系统的地方,在电厂解列或汽轮机跳闸时疏水器旁路阀会被打开。在发生汽轮机进水的紧急情况时,可以对疏水器旁路阀进行操作。

3.6.4.4 注意和限制条件

(1) 疏水收集系统

可以根据温差来判断疏水管线是否堵塞。

(2) 汽轮机排污系统

当汽轮机排污罐水位低的时候,应当预防蒸汽进入排水管道。

3.6.5 设备要求和设计描述

3.6.5.1 疏水母管

(1) 母管的形状是直线型或者 L 型的。

(2) 当挡板设置在凝汽器里的时候,其截面要超过母管截面的 1.5 倍。

(3) 疏水管道流入母管的角度是 45°并且疏水管道布置在指向凝汽器压力降低的方向。

（4）疏水管道的压力大致处在相同级别的水平上。

3.6.5.2　阀门和管道

在疏水器前后管线上的阀门使用了闸阀来防止阀门的腐蚀并且使用了不锈钢管道来防止疏水器下游的管道腐蚀。

3.6.5.3　汽轮机排污罐

为了降低排污水的温度，流入排污罐的排污水在接近大气压的状态下闪蒸并且在这个压力对应饱和温度下的蒸汽和水在汽轮机排污罐中被分离。

3.6.6　仪表和控制

（1）疏水罐液位（JE-LS001～LS070）

对于每个疏水罐，都装有两个液位开关用以控制，报警和指示。如果疏水罐液位上升到设定值，那么液位开关就会发出信号以开启疏水器的旁路阀。液位在达到一定值时也会产生报警。

（2）汽轮机排污罐疏水温度（JE-TE025）

一个温度计用来测量汽轮机排污罐的疏水温度。这个温度通道用来为汽轮机排污罐疏水温度控制阀（PL-V102）提供一个输入控制信号。通过对控制阀进行调节向汽轮机排污罐的疏水管线注入工业水以降低疏水的温度。温度达到设定值时会在主控产生一个报警。

（3）抽汽逆止阀或抽汽截止阀前后的疏水器旁路阀以及GV入口蒸汽管道疏水阀和高压缸疏水阀（PL-V011，V014，V017A/B，V023A/B/C，V026A/B/C，V029A/B/C，V032A/B/C，V035，V038，V041，V044，V047，V050，V053，V007A/B/C/D，V008A/B）

疏水器旁路阀在接到下列信号时打开：

1）汽轮机负荷低于20%；

2）发电机与电网解列；

3）汽轮机跳闸。

（4）汽轮机排污罐出口温度调节阀（PL-V102）

PID控制器用来防止由于温度探测延迟引起的波动并且用来消除偏差。

当汽轮机排污罐（MT-01）出口水温降低的时候，这个阀门就会关闭，反之则打开。

复习思考题

1．低加疏水泵的自动停运信号有哪些？

2．简述BDS系统的主要功能。

3．试简述启动过程中的启动给水和主给水的切换过程。

4．简要列举一下凝结水系统的主要功能。

5．简要描述凝结水系统如何维持二回路水装量，以及正常补水和紧急补水的差别。

第四章　汽轮机及汽轮发电机辅助系统

4.1　主汽轮机系统(MTS)

4.1.1　功能

汽轮机是一种利用蒸汽做功的高速旋转式机械，其功能是将蒸汽带来的反应堆的热能转变为推动汽轮机转子高速旋转的机械能，并带动发电机发电。

4.1.2　主汽轮机本体简介

汽轮机采用日本三菱重工技术，关键重要部件进口，哈尔滨汽轮机厂和三菱联合供货。汽轮机为工作转速 1 500 r/min、单轴、四缸六排汽的反动凝汽式核电汽轮机，有两个两级再热的外置式中间汽水分离再热器，末级动叶片长 1 375 mm。

主汽轮机由一个高压缸、三个低压缸及其附件组成。附件包括进汽阀、盘车装置、润滑油系统(包括顶轴油系统)及仪表和控制系统。四个缸通流部分均是双流对称分布式。一个高压转子、三个低压转子通过刚性联轴器接成一个轴系，再通过刚性联轴器与发电机转子相联。每根转子都有一对径向轴承支承。整个轴系只有一个推力轴承，位于 1 号低压缸和 2 号低压缸之间。主要设计参数见表 4-1-1。

表 4-1-1　主要设计参数

项　目	参数值	项　目	参数值
额定功率	1 251 MW	最大连续功率	1 284 MW
工作转速	1 500 r/min	旋转方向(从汽轮机向发电机看)	顺时针
主汽阀前主蒸汽流量	6 066 t/h	主汽阀前额定压力	5. 38 MPa(a)
主汽阀前额定温度	268.6 ℃	主汽阀前蒸汽湿度	0.45%
再热主汽阀前额定温度	257 ℃	再热主汽阀前额定蒸汽压力	0.932 MPa(a)
末级叶片高度	1 375 mm	额定工况背压	4.4 kPa(a)
盘车转速	1.44 r/min	抽汽级数	7

4.1.3　主要设备

(1) 主汽阀(MSV)和主调阀(GV)

主汽阀的功能是在接到跳机信号时能快速切断供给高压缸的主蒸汽，主调阀的主要功能是通过控制系统调节供给高压缸的蒸汽流量。

共有 4 个 MSV 和 4 个 GV。两个主汽阀和两个主调阀的阀体由一个整体铸件组成，形成一个阀组进汽室。共有两个阀组进汽室，分别位于汽轮机平台上高压缸两侧，都锚定在汽轮机底座上。蒸汽流过 MSV 后进入进汽室，经主调阀流到高压缸的入口。MSV-GV 阀组示意图见图 4-1-1。

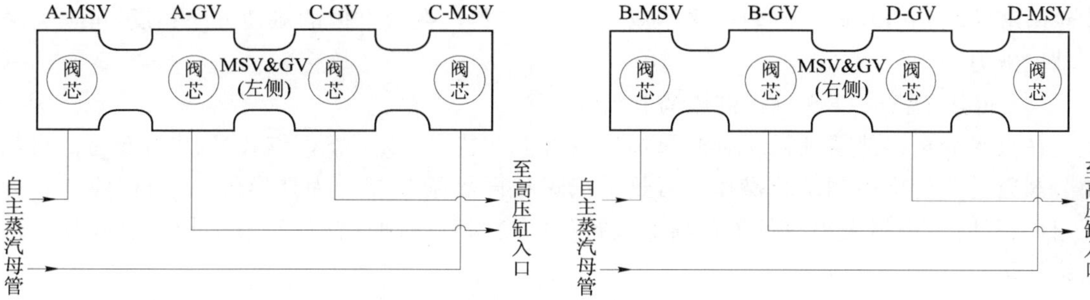

图 4-1-1　MSV-GV 阀组示意图

主汽阀包括一个先导阀，是为汽轮机从静止加速至接近额定转速而专门设计的。当汽轮机冲转时，主调阀全开，主汽阀的先导阀以全周进汽的状态运行，因此启动时汽轮机部件可均匀加热。

在主调阀周围装有一个由多孔的圆筒组成的消声器，减小低负荷时主调阀周围的压降，从而减小阀门小开度时汽流的冲击、降低噪音。主汽阀和主调阀均装有一个后座，防止阀杆处漏气。为保证运行安全，阀杆不卡死。

每个 MSV 的进口处装有孔径 7 mm 的永久性滤网。在最初启动阶段，永久滤网的外面还装有孔径 4 mm 的临时滤网。

(2) 高压缸

主蒸汽通过 4 个主调阀和 4 根高压导汽管后进入高压缸轴向中部的进汽导流环，之后蒸汽经汽轮机高压缸的 10 个级逐级膨胀做功，乏汽经 6 根高压排汽管经 MSR 的底部进入外置的汽水分离再热器，部分排汽供到除氧器用于给水加热。另外，高压缸还设有三级抽汽，3 级后抽汽送到 SRS 系统作为再热器的第一级再热汽源，4 级后和 7 级后抽汽分别送到 7 号高加和 6 号高加用于加热给水。

高压缸通流部分为双流对称分布，正反向各 10 级，动叶片采用全三维设计的整体围带式(ISB)结构，叶根型式采用大根部/枞树型。为了提高汽轮机的效率，在设计上不采用调节级。

高压缸为单层缸结构，缸体材料为碳钢，水平结合面处分开，形成汽缸上半和下半部分。静叶栅安装在隔板上，隔板由隔板套固定。隔板套是在水平结合面支承在汽缸上的独立部件，定位销在顶部和底部定位隔板套，使它们保持相对于汽轮机轴向的正确位置，并容许随温度变化自由地膨胀和收缩。高压缸隔板套用不锈钢制造(12%铬钢)以增强耐腐蚀性。

高压转子为合金钢整锻件且经过精加工而制成，主轴与叶轮是一体锻造的，解决了套装转子在高温下叶轮和轴之间的松动问题，且有利于机组快速启动，同时也降低了产生汽轮机飞射物的可能性。高压转子调阀端用螺栓固定一只单独的接长轴，该短轴上装主油泵和危急遮断器。两台机组的高压转子具有互换性。

高压转子采用无中心孔整锻转子。维修中不必做周期性中心孔检查，从而减少了维修费用。

无论是冲动式汽轮机还是反动式汽轮机，都承受着很大的轴向推力。这个推力由两部分组成：轴向动推力和静推力。轴向动推力是由动叶栅中蒸汽方向变化引起的，静推力是由叶轮两端的压差引起的。汽轮机采用双流道，且使蒸汽在汽缸内的流动方向相反，可大大减少轴向推力。

(3) 再热主汽阀(RSV)和再热调节阀(ICV)

在汽水分离再热器到低压缸的每根进汽管上都装有一对 RSV 和 ICV，共有 6 对。再热调节阀通过汽轮机控制系统操作。再热主汽阀和再热调节阀均为蝶形阀，其结构使开关方便，且全开时压力损失小。每个再热主汽阀和再热调节阀阀杆汽封装置处均装有阀杆漏汽收集管路。

(4) 低压缸

传统的低压缸双层缸结构中，转子和内缸都由外缸支撑。随着运行工况的变化，如凝汽器真空负荷等，外缸可能发生变形，从而也可能改变转子的垂直位置。在某些情况下，转子表面和轴封会相互接触从而产生摩擦，摩擦产生的热量使转子垂向弯曲，最终可能导致明显的横向振动。

三门核电厂低压缸是经过改良的双层缸结构，内缸和外缸分别落在基座上。由于外缸和轴系互不关联，低压转子的垂直位置绝不会因运行工况的变化而发生改变。轴封直接由位于基座上的轴承箱支撑，也避免了转子和轴封之间的摩擦。低压外缸的变形由安装在外缸和轴承箱之间的波纹管吸收，所以变形绝不会传送到轴承箱。

流入给水加热器的蒸汽从湿区抽取，通过抽汽最大限度地除去水分。

低压缸通流部分为双流对称分布，正反向各 10 级，采用全三维设计的反动式叶片，这种叶片的效率高。在设计低压末级叶片的过程中慎重考虑了防蚀能力和增强性能。经过汽水分离再热器后的高压缸排汽先通过 6 根低压缸进汽管，后经每个低压缸前的再热主汽阀和再热调节阀进入三个低压缸，在喷嘴和动叶中膨胀做功。每个低压缸进汽口设在低压缸的顶部，通过法兰与蒸汽管道相连。低压缸的第 3，5，7 和 8 级后抽汽分别为 4 号、3 号、2 号、1 号低加供应回热蒸汽。低压缸做完功的蒸汽由两侧的 2 个排汽口直接排入各自的凝汽器中。低压外缸上半部分和下半部分分别由 3 个轴向模块组成，即调端模块、电端模块和中间模块。电端模块和调端模块相同，中间模块的结构与两个端侧模块不同。

低压转子材料为低合金钢锻件，相对套装转子而言，可减小离心切向应力，对减小汽轮机产生飞射物的概率非常有效。叶轮和联轴器与主轴锻造为一个整体，叶轮重量可减小。每个汽轮机转子装有两个径向滑动轴承，两端各一个，这些轴承均为强制润滑型。末级叶栅高度为 1 375 mm，最大转动直径 5 556 mm，轴的跨度 8 500 mm。

低压缸底部通过柔性膨胀接头与凝汽器外壳连接。

1 号和 2 号低压转子之间以及 2 号和 3 号低压缸转子之间用短轴连接，即中间轴。推力轴承安装在 1 号和 2 号低压转子之间的中间轴上。中间轴材料为低合金钢锻件，且无中间孔。法兰连接的刚性联轴器用于连接高压转子、低压转子 1/2/3、发电机和中间轴。转子连接法兰用液压夹紧联轴器螺栓连接。

(5) 轴承

每个转子由两个径向轴承支撑,一个轴系配一个推力轴承,这些轴承均为强制油润滑。

汽轮机组共有 8 个径向轴承,径向轴承承担转子的重量以及其他因素引起的其他作用力,保证转子中心在径向上与汽缸一致。

高压缸径向轴承采用滑动轴承,有两个,分别位于高压缸外部的轴向前后。径向轴承由三个键支承在底座的一个球面钻孔座内。其中两个键安装于外壳的下半部分,与水平中心线和垂直中心线成 45°,第三个键位于垂直中心线上外壳的顶部。键与键之间配有轴瓦,这样轴承可纵向和横向移动,在汽缸范围内准确地定位转子。

低压缸径向轴承采用自动对中球面座套筒轴承,以便沿轴取得良好的轴承对中效果。轴承在轴承座中的垂直和水平位置通过插入或移除单个键和轴瓦之间的衬套、轴承座和底座之间的衬套来实现。

轴瓦下半部分内的定位销钉伸入轴承座内的槽口,从而防止轴承相对轴承座转动。

由于必须保证静子和转子间准确的相对位置,从而避免静子和转子轴向彼此接触,在汽轮机上配置了一个承受轴向力的推力轴承,位于 1 号低压缸与 2 号低压缸之间。汽轮机的轴向力通过推力轴承传递给 1 号低压缸与 2 号低压缸之间的轴承座。推力轴承是整个轴系的相对死点。整个轴系可以以推力轴承为相对死点向两端膨胀。

所有轴承均装有热电偶,用来探测金属和回油的温度。

(6) 滑销系统

汽轮机在启动、停机和运行时,汽缸的温度变化较大,将沿长、宽、高几个方向膨胀和收缩。由于基座的温升低于汽缸,如果汽缸和基座为固定连接,则汽缸将不能自由膨胀,就会产生不应有的应力及伴同而生的振动。因此,汽缸与基座和汽缸与轴承座之间装上纵向和横向滑销,并使固定汽缸的螺栓留出适当的空隙。纵销中心线与横销中心线的交点称为汽轮机的绝对死点。汽缸以此绝对死点为基准向前后左右膨胀滑动。

(7) 汽封

汽轮机的汽封根据安装位置不同分为轴端汽封、隔板汽封和通流部分汽封三种类型。轴端汽封和隔板汽封均为曲径式,在轴端以及隔板处的动、静部件相接的地方,通过给静止部件安装密封环的方法形成汽封。密封环由 8 段内装薄汽封条的弹簧靠背式密封弧段组成,如果汽封与转轴发生瞬间摩擦,这种弹性的密封弧段能避免转轴和汽封发生损坏。对于通流部分,则采用动叶顶端加装围带的方法,在汽轮机隔板套与动叶顶部之间的空隙处形成汽封以减少通流部分的漏气。

(8) 盘车装置

盘车装置的主要功能是在机组启动前或停机后用来盘动整个轴系,避免轴系永久变形。

汽轮机启动时,为迅速提高真空,常需在冲转汽轮机前向轴封系统供汽。这些蒸汽进入汽缸后大部分滞留在汽缸上部,造成汽缸与转子上下受热不均匀,如果转子静止不动,便会因为自身压差而产生向上弯曲变形,进而引起振动、动静部分摩擦等。汽轮机停机后,汽缸和转子等部件由热态逐渐冷却,其下部冷却快,上部冷却慢,转子因上下温差而产生弯曲。为保证转子均匀受热和冷却,设置了盘车装置,位于 3 号低压缸与发电机之间,在汽轮机启动和停机时对汽轮机连续盘车,使汽轮机保持低转速连续转动,直到机组重新启动或汽轮机的金属温度接近环境温度。

(9) 低压缸排汽口喷淋

汽轮机工作时，由于动叶片的高速旋转，低压缸排汽口会发热。正常运行时，这些热量被主汽流带走。但当汽轮机在低负荷工况，特别是在零负荷额定转速工况下运行时，由于蒸汽流量小，低压缸末级叶片的摩擦鼓风发热使得排汽温度迅速上升，转子和静子部件之间的热变形和过度差胀造成动静部件摩擦相碰而导致机组损坏、停机。为了避免低压缸末级叶片排汽温度过高，在排汽口装有自动喷嘴。在需要时向汽轮机低压缸末级叶片出口处提供低温冷却水，通过喷嘴雾化后与低压缸排汽充分混合，吸收排汽热量，降低末级叶片排汽温度，避免发生动静部件摩擦碰撞事故。喷淋水来自凝结水泵出口，流量由温度控制阀(V132)控制。

出现排汽口过热的现象的工况有：①低真空；②转速≥600 r/min & 负荷≤20%额定负荷期间。如果此时低压缸排汽口喷淋不工作，排汽口温度将超过 70 ℃，这时应采取专门措施通过增大负荷或提高真空度逐渐降低排汽口的温度。排汽口的温度上限为 120 ℃。一旦达到此温度，应使机组停机并清除故障。

4.1.4 系统运行

4.1.4.1 正常运行

定义为汽轮发电机组在没有任何异常的情况下发出电功率的一系列工况，包括启动和停机，同时也包括根据网调要求在预定的范围内进行负荷控制。

4.1.4.2 异常系统工况

主汽轮机系统可以在以下特定运行工况下运行：

(1) 一列高加或一列低加完全解列

当一列高加或一列低加完全解列时汽轮发电机组可维持负荷稳定运行。一列高加解列意味着一列 6 号和 7 号高加退出运行。一列低加解列运行意味着一列 1 号和 2 号低加，或者一列 3 号和 4 号低加退出运行。因为 1 号和 2 号低加与 3 号和 4 号低加并不属于同一列。

(2) MSR 部分或全部解列

在 MSR 部分或全部解列后汽轮发电机组可以在下列限制下稳定运行：

1) 一级再热器解列

汽轮发电机组可以在额定工况下无条件限制地连续运行。当 MSR 任一列或两列的一级再热器退出运行，那么汽轮发电机组可以稳定运行。

2) 二级再热器解列

汽轮发电机组可以在额定工况下运行一段时间，以便对 MSR 进行维修，例如再热器管漏维修(1～2 周以内)。为防止低压缸入口蒸汽温度产生差别两个二级再热器应同时解列。二级再热器解列工况下，由于低压缸入口温度降低，低压缸末级叶片湿度增加，长期运行可能导致严重水冲蚀，如运行时间超过 2 周，机组负荷应降至 65%额定负荷。

3) 一级和二级再热器全部解列

运行限制同 2)(二级再热器解列)。当二级再热器中的一列需要隔离的时候，不管一级再热器运行状态如何，两列二级再热器都必须退出运行。

(3) 凝汽器半侧运行

在凝汽器半侧运行的工况下，机组可以维持负荷稳定运行，最大负荷为 1 200 MW。当凝汽器传热管破裂时，凝汽器采取半侧运行会使凝汽器的真空恶化。

(4) 1/6 凝汽器解列

在 1/6 凝汽器解列工况下，机组可维持负荷稳定运行，最大负荷为 1 245 MW。

(5) 一台主给水泵解列

如一台运行的主给水泵跳闸，汽轮机快速降负荷至约 70%额定负荷之后可维持稳定运行。

(6) 循环水泵解列

一台循环水泵解列会导致凝汽器背压升高，机组输出功率降至约 96%电负荷，之后可维持稳定运行。

(7) 由于事故引起与电网解列

1) 当发电机与外电网断开或发电机带部分负荷或无负荷运行时，汽轮机转子的转速将会增加。增加的速率取决于汽轮机甩负荷的大小。

2) 当发电机输出与汽轮机输出的负荷失配达到设定值时，OPC 就会动作。当负荷失配低于设定值时，OPC 只有在汽轮机转速增加至超速定值时才会动作。打开 GV 和 ICV 的油动机卸载阀，从而使这些蒸汽阀门失去高压油而关闭。

3) 当发电机出口断路器打开后，汽轮机转速会被设定在 1 500 r/min。

4) 汽轮机转速下降后，OPC 就会消失。当汽轮机转速低于设定值，ICV 就会重新缓慢打开。由于 MSR 内部存在的蒸汽会引起汽轮机转速再次增加，ICV 就会再次关闭。这个过程持续到 MSR 的再热器中没有蒸汽为止。

5) 当 MSR 的加热器中没有蒸汽时，ICV 就会保持开启，汽轮机的转速将会下降到额定转速。当汽轮机转速达到额定转速时，GV 就会控制汽轮机的转速维持在额定值。

6) 机组重新并网并且必要时带负荷运行

当机组可以并网的时候，在 15 min 内重新带负荷并且尽快将负荷升上去。

当决定不再并网时，将机组停闭。

4.1.4.3　瞬态及事故工况

在汽轮机保护系统探测到存在超出汽轮机跳机定值的异常或事故时，汽轮机能跳机并安全惰转。

4.1.5　控制与保护

主汽轮机系统的控制与保护由 TOS 系统完成，TOS 系统主要分为 MTC(汽轮机控制)和 MTP(汽轮机保护)两部分。MTC 主要功能是转速控制、功率控制、盘车控制、润滑油泵控制、EH 油泵控制等。MTP 主要功能是在紧急工况下使汽轮机跳机，从而保护汽轮机。

4.2　汽轮机轴封系统(GSS)

4.2.1　系统概述

主汽轮机在启动、停运过程中和带负荷情况下，低压缸排汽端处于真空状态，为了防止大气沿轴承漏入损坏轴封齿以及影响真空,必须采取密封措施。在机组负荷较低时,高压缸排汽端压力也较低,为了防止大气沿轴承漏入损坏轴封齿以及影响真空,也必须采取密封措施。当机组负荷增高后,为了防止高压缸缸内的蒸汽沿轴承漏向大气,同样也需要采取密封措施。

4.2.2 系统功能

以一定的压力和流量向主汽轮机轴封提供密封蒸汽,在汽轮机正常运行、启动和停机时,防止环境中的空气从轴封处漏入汽轮机或汽轮机汽缸中的蒸汽漏入外界环境中;回收汽轮机轴封和汽轮机进汽阀阀杆的漏汽。该系统也是建立和维持主凝汽器真空的必要条件。

4.2.3 系统描述

汽轮机轴封系统主要部件由4种蒸汽压力调节阀、一个轴封蒸汽冷却器、两个轴封排风机、汽封、阀门、管道以及有关的控制和仪表组成。高低压汽缸转子的两端都装有很多曲径式汽封片,这些汽封片安装在汽封环上,同汽轮机轴共同组成曲径式汽封。轴封蒸汽主要流程如图4-2-1所示。

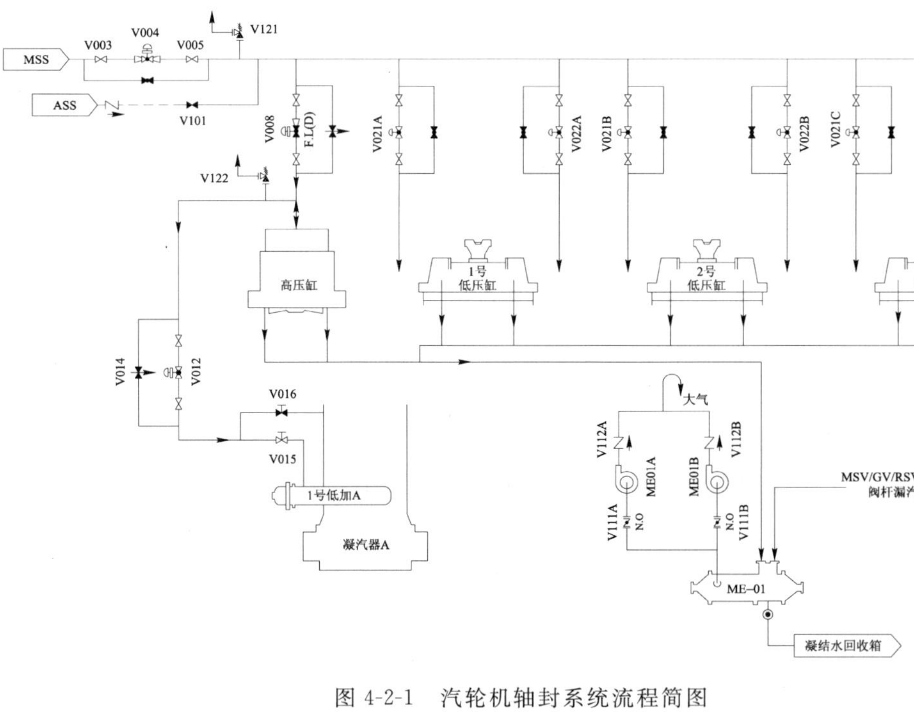

图4-2-1 汽轮机轴封系统流程简图

本系统中各汽封的供汽阀门站采用独立调节的调节方式。由于三个低压缸六组轴封供汽阀门站距新蒸汽汽源的距离不等,管道的压力损失也不一样,所以采用了低压缸每个汽封由一套独立的阀门站控制供汽,从而使进入低压缸汽封的蒸汽压力保持一致。

在汽轮机启动和低负荷(<10%~15%)运行期间,高压缸和低压缸排汽口压力低于大气压力。如图4-2-2所示,密封蒸汽供应到汽腔X后分成两路,一路流入汽轮机,另一路流入汽腔Y后会同漏入的空气一起通过一个回流管流入轴封蒸汽冷却器。

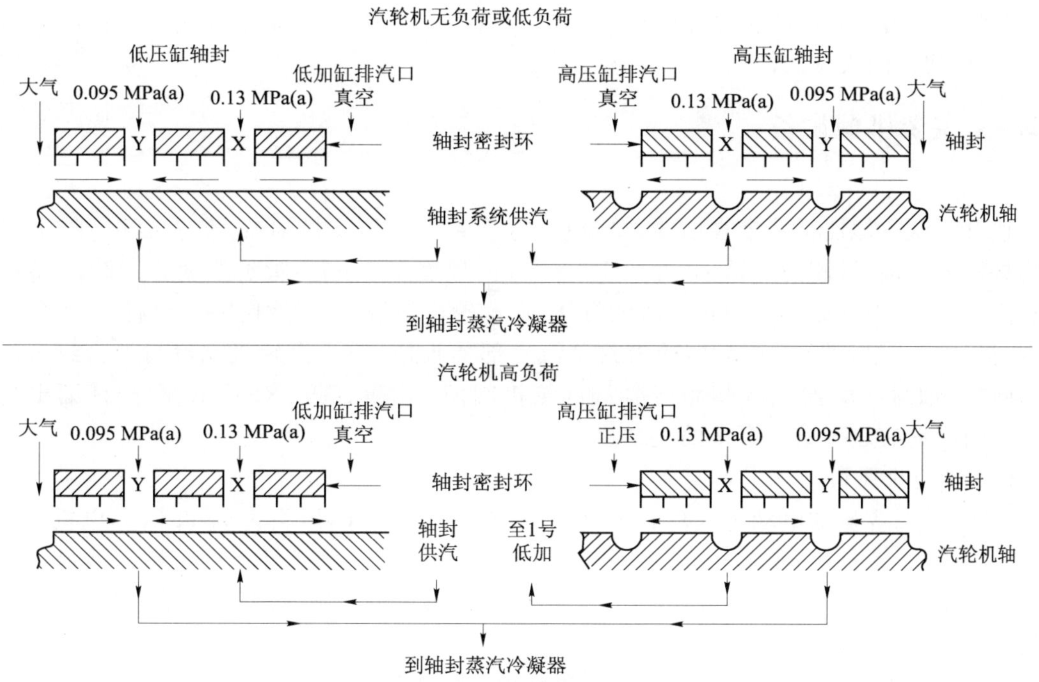

图 4-2-2　转子轴封压力分布图

高负荷运行时，高压缸排汽口压力高于汽腔 X 的压力，流过轴封内侧密封环的轴封蒸汽流动方向发生改变。随着排汽压力上升、流量增加，高压缸轴封变为自密封。在高负荷期间，高压缸汽封蒸汽溢流到 1 号低压给水加热器。

功率运行期间，低压缸汽封处的排汽压力一直保持在真空状态。启动期间 GSS 系统接收辅助蒸汽供应系统(ASS)供应的蒸汽；功率运行时接收主蒸汽系统(MSS)供应的主蒸汽。汽轮机轴封的供汽压力由三种压力调节阀来调节：第一种是第一级减压阀(主供汽压力调节阀)，将轴封供汽母管的压力调节并保持在大约 1.55 MPa(a)。第二种是高压缸和低压缸轴封的二级减压阀(高压/低压轴封供汽压力调节阀)，维持到高压缸和低压缸轴封入口的蒸汽压力恒定为 0.13 MPa(a)。主供汽压力调节阀、高压缸和低压缸轴封供汽压力调节阀故障时都锁定为开启状态，它们串联布置，在任何一个阀门发生单一故障时能保证密封蒸汽的连续供应。压力调节通过每个阀门下游的一个压力传感器实现。第三种压力调节阀门是溢流阀，在功率>15%电功率时，汽轮机高压缸处于自密封，溢流阀调节从高压缸轴封溢流到 1 号低压给水加热器的溢流流量，如轴封供汽压力调节阀故障打开，该阀门同时将过剩的蒸汽溢流到 1 号低加。为保证汽轮机轴封的连续供汽，溢流阀故障时锁定为关闭状态。溢流阀调节高压缸轴封压力并维持高压缸轴封出口压力为 0.13 MPa(a)。

从轴封排出的空气、蒸汽和疏水以及汽轮机主要阀门的阀杆漏汽(MSV，GV，RSV，ICV)用集管收集后疏排到轴封蒸汽冷却器壳侧冷却，其中的蒸汽在壳侧得到冷凝，冷凝后的凝结水经过一个 U 型水封后排向凝结水回收箱，U 型水封用来防止凝结水回收箱的空气进入轴封蒸汽冷却器，进而维持轴封蒸汽冷却器的压力。在轴封蒸汽冷却器壳侧装轴封排风机来维持微真空，引导轴封漏汽的流向，使空气向内流，防止蒸汽沿着转子向外泄漏。

两台容量为100%的电动排风机从轴封蒸汽冷却器中连续抽除空气和其他不凝结气体，排入厂房外的大气。

4.2.4 主要机械设备

（1）轴封蒸汽冷却器

轴封蒸汽冷却器是一个表面式、单流程、直管管壳侧热交换器，冷却表面积为 305 m^2，壳侧材料为碳钢，管侧为不锈钢，外径 15.88 mm，厚度 1.0 mm，管子数量 3 122 个，最小凝结水流量 860×10^3 kg/h。通过冷凝的方法，在汽轮机的端汽封处维持一个稍低于大气压的真空，将从高压缸和低压缸漏出的密封蒸汽全部抽吸掉，防止汽轮机端汽封处密封蒸汽漏出。同时，轴封冷凝器也冷却和冷凝从汽轮机阀门（MSV、GV、RSV、ICV）阀杆漏出的蒸汽。管侧流动的是凝结水泵来的凝结水。

（2）轴封排风机

2 台 100%容量的电动卧式离心风机，容量为 85 m^3/min，压头为 7.55 kPa，电机容量为 75 kW，额定转速为 3 000 r/min。正常运行时一台排风机运行，另一台备用。轴封蒸汽冷却器壳侧压力由一个压力传感器监测。如运行的排风机跳闸则备用的排风机自动启动。排风机疏水流向废水系统。

正常情况下，从轴封排风机排出的不凝性混合气体没有放射性。然而，在发生蒸汽发生器破管导致一次侧向二次侧有明显泄漏时，排出的气体可能有放射性。GSS 通过安装在排气管线上的一个放射性监测器监测。当放射性水平达到不可接受水平时，控制系统将停运 GSS 系统，防止放射性向大气释放。

（3）调节阀

蒸汽压力调节阀和溢流阀是气动阀。主供汽压力调节阀接受从 MSS 供来的蒸汽并维持轴封供汽母管的压力恒定为 1.55 MPa(a)。低压轴封供汽压力调节阀调节到低压缸轴封供汽出口压力并在所有功率范围内维持供汽压力恒定为 0.13 MPa(a)。高压轴封供汽压力调节阀维持供应到高压缸转子轴封的出口压力为 0.13 MPa(a)。轴封溢流调节阀与高压缸轴封供汽压力调节阀相连，在所在运行工况下通过将过剩的密封蒸汽导流到 1 号低加，维持高压缸轴封联管的入口压力为 0.13 MPa(a)。

（4）安全阀

轴封系统有两个安全阀，防止在供汽压力调节阀故障时超压。一个位于轴封供汽母管上主供汽压力调节阀后，在主供汽压力调节阀发生故障时为轴封供汽母管提供保护。另一个位于高压缸轴封蒸汽供应管线高压轴封供汽压力调节阀后、溢流阀前，在溢流阀故障时将过剩的蒸汽排到大气，控制这部分管段的压力，允许 GSS 在发生单一阀门故障时连续运行。

4.2.5 系统运行

4.2.5.1 正常运行

高压缸轴封变为自密封方式。当高压缸轴封变为自密封时，轴封处将会有大量蒸汽，远远超过高压缸轴封密封的蒸汽量要求。随着汽轮机负荷增加，高压缸轴封排汽压力上升，溢流阀工作，将多余的密封蒸汽从高压缸轴封溢流到 1 号低加。溢流阀保持高压缸轴封排汽口压力在 0.13 MPa(a)。低压缸轴封运行同低负荷时相同，保持在 0.13 MPa(a)。

4.2.5.2 异常运行

GSS 自动响应异常运行工况和电厂扰动，比如功率水平瞬态，不需要电厂操纵员的干预。但由于设备故障造成的某些电厂扰动要求操纵员干预以防止或减轻设备损坏。

4.2.5.3 注意事项

(1) 轴封蒸汽冷却器水位

应避免轴封蒸汽冷却器高水位。水位高时，轴封蒸汽冷却器的效率会恶化，如水位过高堵塞了疏水流程也可能导致从轴封出来的蒸汽进入汽轮机轴承座，这将使水进入汽轮机润滑油中。另外，水位高也有导致汽轮机进水的风险。

(2) 汽轮机轴封带水运行

轴封长期带水运行会导致转子的凹槽和表面破裂。为防止对汽轮机转子造成损坏，必须对冷凝的蒸汽进行彻底疏水。

4.2.6 仪表和控制

4.2.6.1 压力表

(1) 轴封蒸汽冷却器真空(JE-PT008)

一个压力通道用来测量轴封蒸汽冷却器壳侧的压力，以检查轴封蒸汽冷却器中的真空维持在一个合适的压力。

(2) 一级轴封蒸汽压力(JE-PT002A/B/C)

轴封蒸汽供应母管上设有一个压力变送器。这个压力变送器用来检查运行中轴封蒸汽供应母管上的压力维持在一个合适的值。这个通道为相关系统提供指示和控制功能。

(3) 低压缸轴封蒸汽压力(PT100,PT101,PT102,PT103,PT104,PT105)

低压缸轴封供应管线上设有一个压力变送器。这个压力变送器用来检查运行中低压缸轴封蒸汽管线上的压力维持在一个合适的值。这个通道为相关系统提供指示和控制功能。

(4) 高压缸轴封蒸汽压力(JE-PT004)

高压缸轴封蒸汽供应管线上设有一个压力变送器。这个压力变送器用来检查运行中高压缸轴封蒸汽管线上的压力维持在一个合适的值。这个通道为相关系统提供指示和控制功能。

(5) 压力表(JE-PI001,PI005)

当手动调整轴封蒸汽供应的压力时，这两个压力表可以提供就地指示。

4.2.6.2 液位开关(JE-LS009)

轴封蒸汽冷却器壳侧装有一个液位开关并可发出液位高的报警。

4.2.6.3 控制和联锁

(1) 主供汽压力调节阀(PL-V004)

在自动模式下，主供汽压力调节阀根据控制信号控制阀后压力在 1.55 MPa(a)。这个压力可以满足高压缸和低压缸二级压力调节阀的品质需求。在主控室这个阀门的自动控制模式可以被超控，从而可以将阀门全开，全关或者保持在中间的一个位置上。

(2) 低压缸轴封蒸汽压力调节阀(PL-V021A/B/C,V022A/B/C)

在自动模式下，低压缸轴封蒸汽压力调节阀根据控制信号维持阀后的压力在 0.13 MPa

(a)。这个压力比大气压力稍微高一点并为汽轮机转子提供正压密封以防止空气的进入。在主控室这个阀门的自动控制模式可以被超控,从而可以将阀门全开,全关或者保持在中间的一个位置上。

(3) 高压缸轴封蒸汽压力调节阀(PL-V008)

在自动模式下,高压缸轴封蒸汽压力调节阀根据控制信号维持阀后的压力在0.13 MPa(a)。这个压力比大气压力稍微高一点并为汽轮机转子提供正压密封以防止空气的进入,直到高压缸轴封蒸汽压力升高到可以自密封为止。在主控室这个阀门的自动控制模式可以被超驰,从而可以将阀门全开,全关或者保持在中间的一个位置上。

(4) 高压缸轴封蒸汽溢流阀(PL-V012)

在自动模式下,高压缸轴封蒸汽压力调节阀根据控制信号维持阀前的压力在0.13 MPa(a)。在主控室可以对这个阀门进行手动控制,从而可以将阀门全开,全关或者保持在中间的一个位置上。

4.2.7 技术参数

GSS系统技术参数见表4-2-1。

表4-2-1 GSS系统技术参数

蒸汽供应设计流量	
正常(稳定运行,标准间隙)	14 400 kg/h
最大(启动,最大间隙)	26 800 kg/h
ASS蒸汽供应运行压力/温度	1.44 MPa(a)\196.4 ℃
MSS蒸汽供应压力/温度 (额定运行工况/主蒸汽母管)	5.53 MPa(a) 270.3 ℃
低压缸轴封供汽联管运行压力	0.13 MPa(a)
高压缸轴封供汽联管运行压力	0.13 MPa(a)
通过轴封蒸汽冷却器的凝结水流量	
正常	4.080×10^6 kg/h
最小	0.860×10^6 kg/h
轴封蒸汽冷却器壳侧运行压力	0.095 MPa(a)
轴封蒸汽冷却器管侧运行压力	管侧凝结水的压力

4.3 凝汽器抽真空系统(CMS)

4.3.1 系统功能

在电厂的启动、冷却和正常运行期间,CMS用来抽出凝汽器里的空气和不凝性气体,建立并维持凝汽器里的真空,从而为汽轮机提供一个合适的背压。系统中设有放射性监测点对二回路进行放射性监测。

4.3.2　系统描述

CMS系统由三套液环式真空泵组组成。真空泵用于在启动期间提供凝汽器快速启动抽气以及在正常运行期间抽出凝汽器壳侧的空气和不凝性气体,并将它们排到大气,如图4-3-1所示。不凝性气体主要由空气、氮气和氨气组成,没有氢气,凝结水和凝汽器热阱水中释放出来的溶解氧与系统中抽出的气体和蒸汽相比也微乎其微。带有水蒸气的不凝性气体经过凝汽器管束中心的空气冷却区域到达真空泵的吸入口后被抽出。

系统采用凝结水作为密封水。因真空泵的性能取决于密封水的水温,所以由TCS系统提供冷却水通过密封水冷却器对密封水进行冷却,维持密封水的温度低于凝汽器压力下的饱和温度,保证真空泵良好的性能。

排放到大气的不凝性气体和蒸汽组成的混合气体通常情况下没有放射性。如果发生一次侧向二次侧系统的泄漏,混合气体就有可能被污染,因此真空泵抽出的空气和不凝性气体在排放前要进行放射性监测。

如CMS系统不可运行,不凝性气体的集聚会导致凝汽器背压逐渐上升,引起汽轮机循环效率下降。如凝汽器背压持续增加达到汽轮机跳机值将最终引起汽轮机跳机。

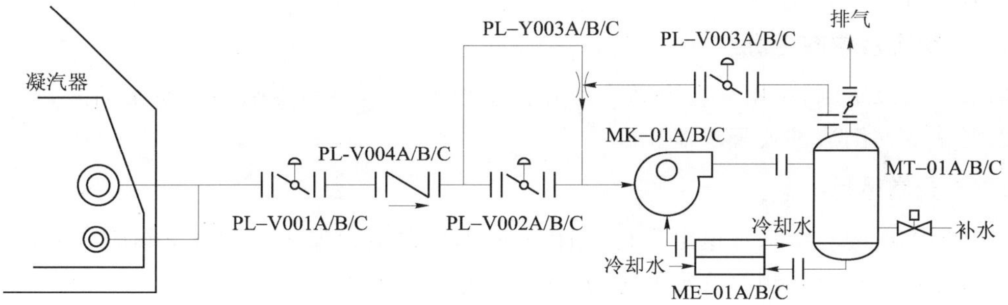

图4-3-1　CMS系统流程简图

4.3.3　主要设备

4.3.3.1　真空泵成套装置

CMS系统主要由三台真空泵组成。每台真空泵作为成套装置供货,包括一台液环式真空泵、前置抽气器、密封水冷却器和气水分离器。液环式真空泵的容量为41 m^3/h,由160 kW的电动机带动。密封水从气水分离器流出,经密封水冷却器冷却降温后进入真空泵进行密封并且用来对进入泵的气体进行压缩。

气水分离器将水和不凝性气体分开并且将分离出来的水储存起来。通过CDS系统和DWS系统对气水分离器进行补水。

4.3.3.2　阀门

真空泵成套装置包括三个气动阀。第一个是真空泵入口阀(PL-V001A/B/C),在真空泵启动后当该入口阀两端的压差足够低时自动打开,用来抽出凝汽器里的不凝性气体。当真空泵跳闸或者停运时,该阀自动关闭以阻止空气倒流进入凝汽器。第二个是空气喷射器旁路阀(PL-002A/B/C)。第三个是空气喷射器入口阀(PL-003A/B/C)。这两个阀由凝汽器真空控制。真空泵启动后,在凝汽器真空低时空气喷射器旁路阀打开,空气喷射器入口阀关闭。在快速启动运行模式下,真空泵仅仅抽出凝汽器里的空气。当凝汽器达到高真空时,空气喷射器旁路阀关闭,空气喷射器入口阀打开,快速启动模式转到保持运行模式。

4.3.4 系统运行

4.3.4.1 正常运行

在电厂启动工况,凝汽器真空低时通过三台液环式真空泵的运行将凝汽器里的空气排出,称作"快速启动"运行模式。当凝汽器达到一定真空时,快速启动运行的抽气能力下降,此时转到真空泵与前置抽气器联合运行的"保持"运行模式。在保持运行模式下可达到并保持高度真空。快速启动运行模式到保持运行模式的转换通过改变前置抽气器旁路阀及其入口阀的状态实现。

在电厂正常运行期间,两台真空泵运行,一台备用。

空气和密封水通过真空泵出口排入气水分离器进行气水分离。分离出来的空气通过排气管线排到大气。密封水经密封水冷却器冷却后进入真空泵。当气水分离器液位升高时浮球型溢流阀就会打开。

4.3.4.2 瞬态及事故工况

如果一台泵跳闸,备用泵会自动启动并在主控发出报警。跳闸的真空泵的入口阀自动关闭以阻止空气倒流进入凝汽器。

4.3.4.3 异常运行

如果凝汽器的一个水室退出运行,则该水室对应的凝汽器出口抽真空阀应全关,阻止没有冷却水流量的管束外侧蒸汽被抽走,从而也防止了真空恶化。

4.3.4.4 注意事项

如果凝汽器钛管结垢程度有差异,那么结垢多的钛管区域的蒸汽会被抽出,抽气管道的温度会上升。在这种情况下,操纵员可以关闭对应的抽真空截止阀以阻止蒸汽继续被抽出,从而稍微改善凝汽器的真空。

4.3.5 仪表控制

4.3.5.1 仪表

(1) 压力开关

压力开关(PS-001A/B/C)用于启动备用的真空泵。

压力开关(PS-002A/B/C)用于当压力低于设定值时打开真空泵入口阀(PLV001A/B/C)。

压力开关(PS-003A/B/C)用于当压力低于设定值时打开喷射器入口阀(PLV003A/B/C)。

(2) 压力表(JE-PI040 等)

压力表用来监测泵的运行状态或系统运行状态。

(3) 温度计(JE-TI001-004,TI014-017,TI027-030)

凝汽器抽真空管道上的温度计用来监视管道中的疏水。真空泵工作液的温度和压力由温度计(TI001A/B/C,TI002A/B/C)和压力表(PI002A/B/C)来监视。

(4) 液位计(LIS-001A/B/C,CA-001A/B/C)

气水分离器中的液位由液位计(LIS-001A/B/C)来指示。当液位低于正常液位时,液位开关(LCA-001A/B/C)将会打开电磁阀(PL-009A/B/C);液位达到正常液位值时,在重新将电磁阀关闭。多余的水通过溢流管(PL-011A/B/C)和总疏水管(PL-010A/B/C)排出。疏水阀(PL-010A/B/C)用于将气水分离器中的水彻底排空。

4.3.5.2 控制和联锁

(1) 真空泵(CMS-MK-01A/B/C)

在凝汽器真空低时真空泵的运行模式是启动运行模式。当凝汽器达到高真空时,运行模式转向保持运行模式。

(2) 真空泵加热器

在自动模式下,真空泵加热器的电源随着真空泵的启停而同时自动投切。

(3) 真空泵入口阀(CMS-PL-V001A/B/C)

在真空泵启动后,当真空泵入口阀两端的压差足够低的时候,这个阀门就自动打开。当一台真空泵停运后,相应的真空泵入口阀就会停运。

(4) 空气喷射器旁路阀(PL-002A/B/C)

在真空泵启动后凝汽器处于低真空的期间,空气喷射器旁路阀就会打开。在启动模式下,真空泵从凝汽器将空气抽出。当凝汽器达到高真空的时候,这个阀门就关闭并且运行模式由启动模式转换到保持运行。

(5) 空气喷射器入口阀(PL-003A/B/C)

在真空泵启动后凝汽器低真空期间,空气喷射器入口阀关闭。在启动模式下,真空泵从凝汽器将空气抽出。当凝汽器达到高真空时,这个阀门就打开并且运行模式转到使用空气喷射器的保持运行模式。

4.3.6 技术参数

技术参数见表 4-3-1。

表 4-3-1　技术参数

凝汽器真空泵		电　机	
类型	液环式真空泵	容量	160 kW
数量	3 台/机组	转速	1 485 r/min
容量	24S CFM		

4.4 汽轮机 EH 油系统(LHS)

4.4.1 系统功能

(1) 转速控制

转速控制功能包括正常运行时的调速、升速及超速保护。

(2) 负荷控制

主汽轮机控制与诊断系统(TOS)的负荷控制功能提供调节机组负荷的控制信号,LHS系统根据该控制信号调节汽轮机主调阀开度,从而调节进入汽轮机的蒸汽流量。

(3) 阀门控制

汽轮机主汽阀或主调阀控制进入高压缸的主蒸汽流量,再热调阀控制进入低压缸的蒸汽流量。这些阀门都由伺服阀根据 TOS 系统的信号进行控制。

(4) 甩负荷时调阀快关

甩负荷工况下,为防汽轮机转速增加甚至超速,控制回路快关主调阀和再热调阀。

(5) 超速保护

超速保护控制(OPC)在正常转速控制失效或甩负荷时动作。

如果汽轮机转速一直增加并超过超速保护跳机定值,汽轮机保护系统就会使汽轮机跳闸。

4.4.2 系统描述

LHS 系统由 EH 油供应单元、蓄能器、阀门油动机、电磁阀组合块、空气引导阀、隔膜阀以及相应的控制仪表及管道等组成。流程简图如图 4-4-1 所示。EH 油泵通过吸入口滤网从 EH 油箱吸油,经管道过滤器过滤后供到高压油母管,出口压头大约在 13.8 MPa(g)并且由泵内部的调节器进行控制。当压力超过 15.2 MPa(g)时会触发压力高报警。另外,每台 EH 油泵的出口管线上布置了一个安全阀为系统提供超压保护,定值约 16.2 MPa(g)。当系统压力达到设定值时,安全阀打开,释放出的油流回 EH 油箱。

EH 油泵出口的高压油母管有一个净化旁路,由两个硅藻土过滤器和一个辅助过滤器组成,用来保持油的清洁水平。过滤器的上游安装有节流孔板,限制经此旁路直接回到油箱的高压油量。

高压油母管向蒸汽阀门的油动机、OPC 母管和 AST(紧急跳机)母管供应 EH 油。在正常运行情况下,通过控制蒸汽阀门油动机的油压来控制蒸汽阀门的位置或开关,此时 OPC 母管和 AST 母管被加压并允许正常的蒸汽阀门动作。在超速或停机的情况下,OPC 母管或 AST 母管通过自身卸压,使蒸汽阀门油动机活塞下的高压油快速排出,达到快速关闭蒸汽阀门的目的。

蒸汽阀门油动机的正常排油通过一条公共的回油管线回到油箱。AST 母管、OPC 母管的排油通过另外的回油管线回到油箱。

油动机回油管道上装有两套并列的滤油器—冷油器组合装置,油动机回油在送回油箱以前通常先流过滤油器和冷油器。正常运行时,只需要一套装置便可以满足系统的需要,另一套作为备用。油的流向由一个手动的三通阀控制。用这个三通阀可以隔离两套滤油器—冷油器装置中的任一套,以进行清洗和维修。当三通阀阀芯处于中间位置时,两套装置同时投入运行。为了保证在各种条件下运行可靠,在三通控制阀上游设置了另一条通向油箱的回油管路。正常情况下,这条回油管路由一个止回阀关死。当滤油器或冷油器堵塞造成回油压力过高时,油压作用力将顶开止回阀,使回油经旁路,绕过滤油器及冷油器流回油箱。

为使油温保持在正常范围内,在冷油器 TCS 冷却水进口处装有温度控制阀,它与浸在油箱中的温度控制器相连,对流过冷油器的冷却水流量进行控制。正常运行时,油温在45~55 ℃之间。当系统处在较低的环境温度下运行或者运行期间油温下降时,如 EH 油箱中的

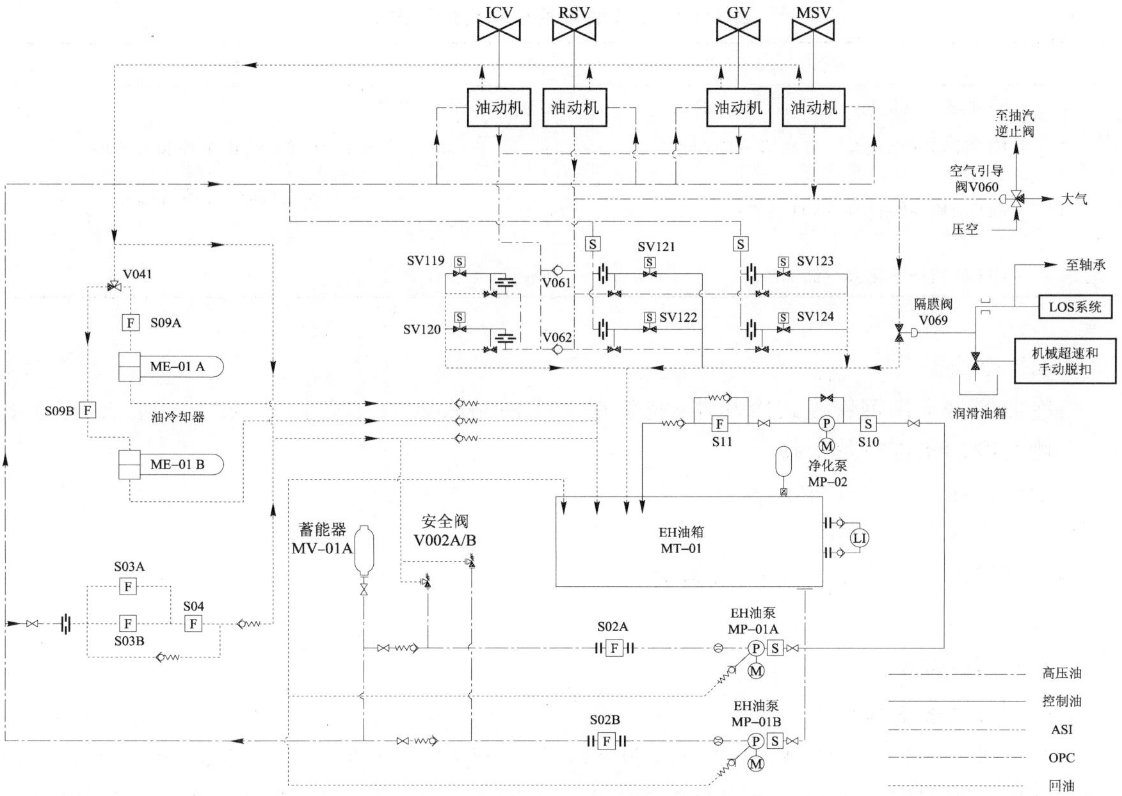

图 4-4-1　LHS 系统流程简图

油温低于 30 ℃，则通过手动启动净化泵来加热。EH 油温低于 30 ℃时不推荐长期运行，禁止在 20 ℃以下运行。当油温超过 70 ℃或者低于 30 ℃时，温度开关将触发报警。

4.4.3　主要设备

4.4.3.1　EH 油供应系统

（1）EH 油箱组件

油箱材料为 304 型不锈钢，容积 1 300 L，该容量足以为整个 LHS 系统充油，并且为 EH 供油泵提供足够的吸入压头。油箱位于底座上，油箱组件上有维修人孔、空气过滤器、手动排油阀、液位计、液位开关、温度计等。

（2）EH 油泵

在 EH 油箱下布置有两台 100％容量的相同电动 EH 油泵，正常运行时一台运行一台备用，在系统压力下降到 10.3 MPa(g)的时候，备用 EH 油泵自动启动。EH 油泵是具有调节器的正排量轴流泵，额定转速为 1 000 r/min。泵出口的压力和流量由调节器调节并维持流量在 1.5 L/s。

（3）净化泵

EH 油精处理单元由一个净化泵，一个安全阀和一个净化过滤器组成，用于提供运行所需的 EH 油并且对其进行加热和调质。运行方式如表 4-4-1 所示。

表 4-4-1　EH 油精处理单元运行方式

序号	运行方式	目的	说明
1	储油罐→净化泵→过滤器→EH 油箱	传输	充油、补油
2	EH 油箱→净化泵→过滤器→EH 油箱	净化	对油进行净化，使其品质优于控制参考值
3	EH 油箱→净化泵→EH 油箱	升温	EH 油泵启动前或运行时油温降低到 30 ℃以下时进行
4	EH 油箱→净化泵→储油罐	传输	排油

(4) 冷油器

冷油器是不锈钢管壳式冷却器，安装在 EH 油箱附近的支架上。EH 油在管侧流动并与壳侧的冷却水进行热交换。

最高油压：0.98 MPa(g)；

最高水压：1.35 MPa；

最高温度：40 ℃(冷却水入口温度)；

最大水流量：4 m^3/h。

4.4.3.2 蓄能器

(1) 高压蓄能器

为了维持系统的油压相对稳定，EH 油系统中装有 7 个活塞式蓄能器，也称高压蓄能器。高压蓄能器实际上是一个有自由浮动活塞的油缸。活塞上部是气室，初始时充以7.9～8.6 MPa(g)的干燥氮气；下部是油室，与高压 EH 油集管相通。其中一个蓄能器的容量是 70 L，安装在 EH 油箱旁边并位于逆止阀的下游，以维持 EH 油泵运行期间系统的压力。另 6 个容量都是 50 L，安装在 4 个独立的支架上，每个高压缸进汽室的旁边都装有两个蓄能器，用于主汽阀和主调阀，两个进汽室共安装了 4 个蓄能器；余下的两个位于低压缸附近，用于再热调阀。

(2) 低压蓄能器

靠近再热主汽阀(RSV)和再热调阀(ICV)的排油管线上连接有 12 个低压蓄能器，每个的容量都是 3 L。当汽轮机甩负荷时，油动机活塞下的 EH 油因卸载阀动作而在弹簧的压缩下大量排出，低压蓄能器作为缓冲器吸收并暂时储存这些泄油，从而使 EH 油得以顺利排出，进而使进汽阀迅速关闭。低压蓄能器也是活塞式蓄能器，上腔充以 0.2 MPa(g)压力的干燥氮气。

4.4.3.3 阀门油动机

阀门油动机主要包括一个油缸和油动机组合块。油动机组合块是 EH 油系统的执行机构，主要靠它来完成蒸汽阀门开关的控制。油动机组合块主要包括以下部件(以主调阀为例)：隔离阀、逆止阀、电液伺服阀、线性位移差动变送器(LVDT)、快速卸载阀和滤网等，如图 4-4-2 所示。油动机组合块控制着油缸的充油和泄油，从而控制汽轮机进汽阀门开度。增加负荷时，高压油使油动机活塞向上运动，通过连杆带动，使进汽阀开大；降低负荷时，弹簧力的作用使压力油自油动机活塞的下腔泄出，油动机活塞向下运动而关小汽阀。停机时进汽阀门靠弹簧力关闭。

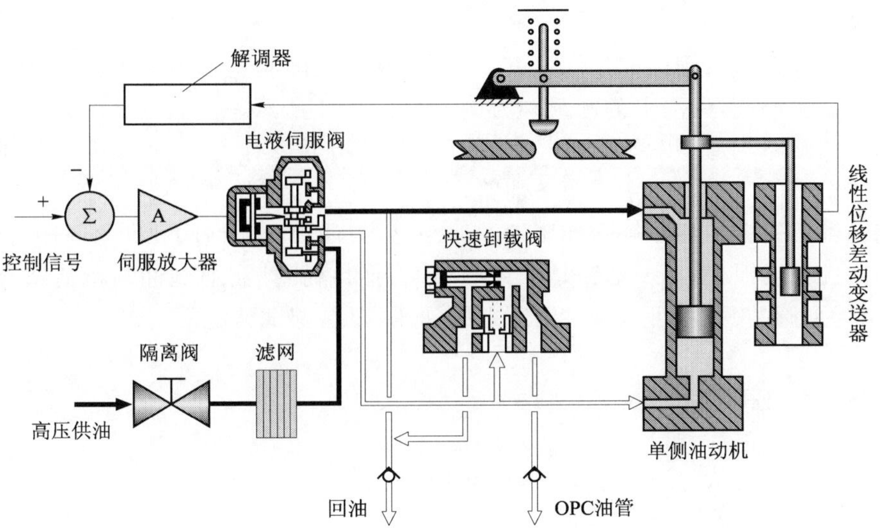

图 4-4-2　主调阀油动机组合块工作原理图

阀门油动机有两种类型：开关控制类型和比例控制类型。前者用于再热主汽阀，只能使阀门处于全开或者全关的位置；后者用于主汽阀、主调阀和再热调阀，可以根据对蒸汽流量的需求使阀门保持在全关、全开或任意中间位置。为了达到比例控制的目的，相应阀门的油动机上配备了伺服阀和线性位移差动变送器（LVDT）。另外，每个阀门油动机都具有一个隔离阀和两个逆止阀。以下是对油动机组合块内重要部件的简单介绍。

（1）隔离阀

隔离阀可以用来截止高压 EH 油流向阀门油动机。在不停机条件下可以将每个油动机从系统中隔离出来进行设备更换，从而实现在线维修和检查。

（2）逆止阀

逆止阀位于压力回油管线和 AST 或 OPC 支管上。压力回油管线的逆止阀用于阻止油动机试验或者维修期间压力油倒流。油动机在运行或者试验时，由于 AST 或 OPC 支管上逆止阀的作用使 AST 母管的油压可以得以维持，其他阀门的油动机不会受到影响。

（3）伺服阀

油动机伺服阀也叫电液伺服阀或电液转换器，装在主汽阀、主调阀和再热调阀的油动机上，任务是把汽轮机控制系统来的电气量阀位偏差信号转换为液压去控制油动机。它的输出随输入而改变，通过增加向油缸供应高压油而将进汽阀门开大，或释放油缸中的油从而靠弹簧力将进汽阀门关小。电液伺服阀主要是由电磁部分（永久磁铁、导磁体、衔铁、线圈），两级液压放大器（挡板、软管、喷嘴、油路、四通滑阀、反馈弹簧）和过滤器（可更换过滤器和内置过滤器）等组成，如图 4-4-3 所示。

（4）线性位移差动变送器（LVDT）

LVDT 的作用是把油动机活塞的位移（同时也代表进汽阀的开度）转换成电信号反馈到伺服放大器前，与控制系统送来的信号相比较，其差值经伺服放大器功率放大并转换成电流值后，驱动伺服阀、油动机直到相应的进汽阀。当进汽阀的开度满足了系统输入信号的要求时，伺服放大器的输入偏差为零，相应进汽阀处于新的稳定位置。

（5）卸载阀

卸载阀安装在蒸汽阀门的油动机上，当机组发生故障时迅速泄去 EH 油，实现 OPC 或紧急停机。以主调阀(GV)上的卸载阀为例，如图 4-4-4 所示。滑阀下部的腔室与油动机活塞下部的高压油路相通，并受到高压油的作用，在滑阀下边有一个小孔，少量的压力油经小孔通到滑阀上部的腔室。该室有两条油路，一路经过止回阀与危急遮断油路相通，正常运行时由于遮断油总管上的油压等于高压油的油压，压力油顶着止回阀并使之关闭，滑阀上的压力油不能由此油路泄去；另一油路是经针形阀控制的缩孔控制通到油动机活塞上腔室的油通道，控制针形阀的开度，可以调整滑阀上的油压，以供调试整定之用。

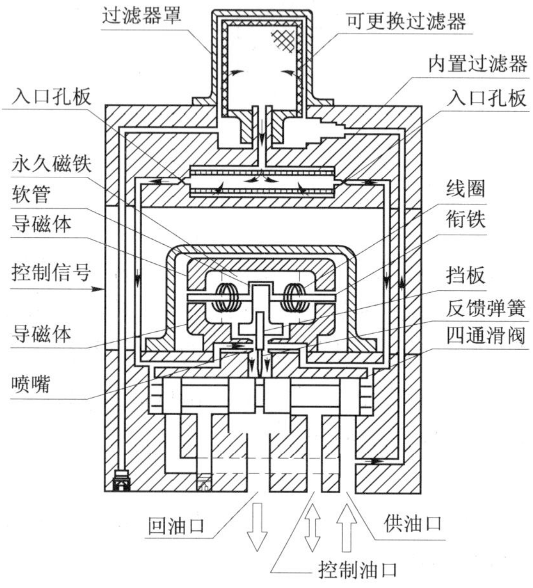

图 4-4-3　伺服阀结构图

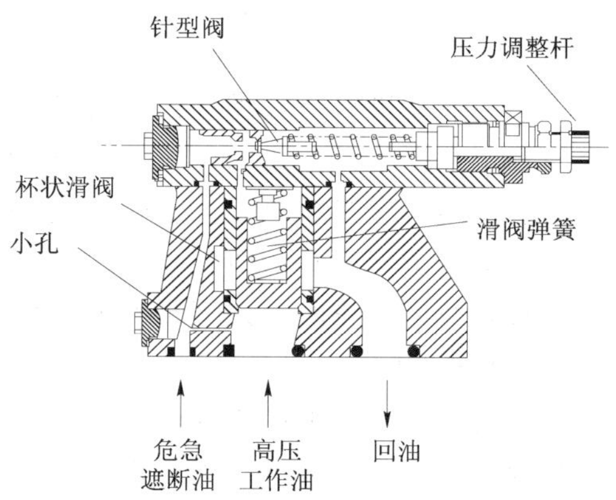

图 4-4-4　卸载阀工作原理图

正常运行时，滑阀上部的油压作用力加上滑阀弹簧的作用力，大于滑阀下部高压油的作用力，使杯形滑阀压在底座上，连接回油油路的油口被关闭。当汽轮机故障、AST 电磁阀动作、AST 母管失压时，作用在杯形滑阀上的压力油顶开止回阀并泄油，使该滑阀上部的油压急剧下降，下部的高压油推动滑阀上移，滑阀套上的泄油孔被打开，从而使油动机内的高压油失压，油动机活塞在蒸汽阀门弹簧力的作用下迅速下降，关闭蒸汽阀门，实现紧急停机。

快速卸载阀也可用作蒸汽阀门的手动关闭。在手动关闭任何一个蒸汽阀门时，首先要关闭隔离阀，以防止快速卸载阀放走大量的高压油，然后将压力整定调整杆反向慢慢旋出，从而改变针型阀控制的泄油口，缓慢地改变快速卸载阀中杯形滑阀上部的油压，使杯形滑阀上升，开启快速卸载油口，改变油动机活塞下腔室的动力油压，使蒸汽阀门慢慢关闭。此后，如要重新开启蒸汽阀门，应首先将压力调整杆调到最高油压位置，然后慢慢打开隔离阀。

（6）试验电磁阀

每个阀门油动机上都有一个电磁阀，可对进汽阀门进行关闭试验。当电磁阀得电后，该电磁阀对应的进汽阀门油动机内的 AST 油或 OPC 油卸压，引起卸载阀动作，相应的进汽阀门关闭。

4.4.3.4　电磁阀组合块

电磁阀组合块包括两个 OPC 电磁阀、两个逆止阀和四个 AST 电磁阀，为汽轮机保护与 AST 母管之间提供接口。

AST 母管和 OPC 母管通过两个逆止阀相连接，并且仅允许 EH 油从 OPC 母管流向 AST 母管。AST 母管（连接至 MSV 和 RSV）的卸压路径被一个油动隔膜阀和四个 AST 电磁阀阻塞。OPC 母管（连接至 GV 和 ICV）的卸压路径被两个 OPC 电磁阀阻塞。

OPC 动作时，OPC 电磁阀打开使 OPC 母管卸压，GV 和 ICV 关闭，由于两个逆止阀的作用，AST 母管并不会卸压，所以此时 MSV（主汽阀）和 RSV 保持开启。当 OPC 信号消失后，OPC 电磁阀关闭，GV 和 ICV 重新开启。跳机时，AST 母管通过隔膜阀或者 AST 电磁阀进行卸压。由于两个逆止阀的作用，OPC 母管也失压，所有进汽阀门油动机的卸载阀都快速打开，从而使所有进汽阀门迅速关闭。引起 AST 电磁阀带电的跳机保护有：电气超速跳机、轴承油压低跳机、凝汽器真空低跳机、EH 油压低跳机、遥控跳机等。

4.4.3.5　空气引导阀

汽轮机底座旁边装有空气引导阀，用来控制通向汽轮机抽汽系统中气动逆止阀的仪用压缩空气。

当 AST 母管加压后，EH 油进入空气引导阀缸体活塞下部，EH 油压克服弹簧力推动阀杆向上移动，挡住空气引导阀的对空出口，压空流过该阀供应到气动逆止阀和疏水阀。如果 AST 母管卸压，空气引导阀在弹簧力的作用下关闭，挡住仪用压空到气动逆止阀和疏水阀的路径。而且气动逆止阀和疏水阀的压空还会通过空气引导阀上的对空出口而排到大气，气动逆止阀和疏水阀因失去气源而关闭。

4.4.3.6　隔膜阀

隔膜阀是一个安装在汽轮机基座侧的铸钢活塞阀，润滑油系统的机械超速及手动跳闸母管（又称保安油母管）通过此隔膜阀与 AST 母管接口。当机械超速和手动跳闸母管建立起油压时，隔膜阀的活塞在油压的作用下压缩弹簧使阀塞就座，隔膜阀关闭。汽轮机正常运行时 AST 电磁阀也关闭，这样 AST 母管的卸压路径都被阻塞，AST 母管才可以建立起油压。

汽轮机机械超速跳机时，机械超速跳机装置动作，机械超速和手动跳机母管卸压，隔膜阀在弹簧的作用下打开，使 AST 母管卸压从而使进汽阀门关闭，汽轮机跳机。

4.4.4　系统运行

4.4.4.1　正常运行

（1）电厂启动工况

在机组启动期间，汽轮机冲转前 LHS 系统就要投运，并且在电厂正常运行期间要保持持续运行。在 LHS 投运前所有的支持系统都要投行。LHS 的启动可分为预启动和启动两个步骤：

1）预启动

预启动在对汽轮发电机转子进行盘车前进行，主要包括 EH 油升温、运行 EH 油泵、打开 RSV 阀门。

正常运行时的油温在 50 ℃±5 ℃之间，可以低至 30 ℃，但不推荐长时间运行。油的升温通过启动净化泵进行。

操纵员选择一台EH油泵作为优先运行泵，手动启动该泵向系统提供高压油，并建立AST母管、OPC母管油压，同时向高压蓄能器充油。第二台泵作为备用泵，当系统压力降到10.3 MPa(g)时自动启动。优先运行泵只能手动启动，并且只能手动停运。

高压EH油通过RSV油动机组合块上的孔板进入油缸活塞下部，同时也使RSV油动机组合块上的卸载阀逐渐关闭。随着活塞下部EH油压力增加，逐渐克服了油缸的弹簧力使活塞杆向上移动，打开RSV阀门至全开。

2）启动

在进行汽轮机冲转前，汽轮发电机组处于盘车状态。对汽轮机进行挂闸，控制系统使GV和ICV全开。这时，GV、RSV和ICV处于全开，MSV全关。

通过控制系统设定目标转速和升速速率，对汽轮机进行冲转。控制系统来的控制信号经过处理后转变为液压信号，通过控制进入MSV油动机活塞下部的EH油量克服弹簧力从而开启MSV，将MSV的先导阀保持在控制系统所要求的任意中间位置，从而调节进入汽轮机的蒸汽流量。

（2）电厂功率运行

电厂功率运行期间，LHS系统持续运行，为主汽轮机提供停机保护、报警、转速控制和负荷控制功能。

MSV、RSV和ICV全开，GV油动机根据电厂控制系统送来的阀位偏差信号调节GV的开度，从而控制进入汽轮机的蒸汽流量。

4.4.4.2 瞬态及事故工况

（1）OPC

在运行期间如汽轮机超速达到107.5%额定转速时，TOS系统将发出OPC信号，OPC电磁阀打开，GV和ICV关闭，汽轮机转速下降。当OPC信号消失后OPC电磁阀重新关闭，GV和ICV重新打开。由于逆止阀阻止了AST母管卸压，在OPC动作期间MSV和RSV一直保持开启。

（2）紧急超速跳机

紧急超速跳机由两部分组成：机械超速跳机和电气超速跳机，对应定值分别是110%额定转速和111%额定转速。

机械超速跳机装置的传感器为飞锤，装于转子延伸轴的横向孔中，其质量中心与转子的几何中心偏置，并通过压紧弹簧将飞锤紧固在横向小孔中，利用弹簧约束力与离心力平衡的原理来设计动作转速。在正常转速下飞锤被弹簧固定在小孔中。当机组超速时，随着转速增加，离心力也相应增加。当汽轮机转速达到跳机定值时，飞锤的离心力克服了弹簧力并飞出撞击跳机板，跳机板动作引起杯形滑阀动作，机械超速和手动跳机母管失压使隔膜阀打开，AST母管卸压导致所有进汽阀门快速关闭。

电气超速跳机是机械超速跳机的后备保护，使用独立冗余的速度传感器，在汽轮机转速达到电气超速跳机定值而机械超速跳机仍未动作时，使AST电磁阀打开，AST母管卸压导致进汽阀门快速关闭。

4.4.4.3 异常运行

在系统设计上保证LHS在任何一个重要设备故障的情况下仍能执行其功能。冗余的油泵、过滤器和冷油器确保系统在任何一个设备退出运行的情况下系统都能够连续运行。蓄能器可以被单独隔离以进行维护、检查或者维修。控制系统有足够的冗余度，保证在发生单一设备故障时系统能正常运行。

4.4.4.4　注意事项

(1) 温度限制

EH 油泵禁止在油温低于 20 ℃时启动。在启动 EH 油泵之前如油温低于 20 ℃，需利用净化泵将油温加热到 30 ℃以上。

(2) 转速限制

尽量减少汽轮机停留在共振区的时间。控制系统将阻止目标转速设定值处在汽轮机的共振区。

4.4.5　仪表和控制

4.4.5.1　液位开关(LS-018，LS-019，LS-020)

EH 油箱顶部装有三个电磁式液位开关。液位开关具有液位高报和低报触点，发出 EH 油泵允许启动信号、EH 油泵和净化泵自动停止信号。液位开关在高液位(大约比正常液位高 90 mm)或者低液位(大约比正常液位低 150 mm)及低 2 液位(大约比正常液位低 330 mm)时会发出相应报警。

4.4.5.2　温度计(TE-015，TE-016)

两个热电偶温度计用来测量储油箱内部的油温：一个用于温度控制和报警；另一个用于监视。热电偶温度计同样向电厂运行人员提供油箱油温的连续指示。

控制功能：通过控制冷却水的流量，维持储油箱的油温在 45～55 ℃之间。

报警功能：在储油箱油温超过正常运行限值时，温度计会向电厂操纵员提供高温报警和低温报警，对应定值分别为 70 ℃和 30 ℃。

4.4.5.3　EH 油泵出口压力(PI-002，PI-003)

两个压力表为电厂控制系统和电厂运行人员提供连续的泵出口压力指示。

4.4.5.4　管道过滤器压差(PdS-010，PdS-011)

管道过滤器的压差表可以告知电厂运行人员运行的管道过滤器是否清洁。当差压达到约 0.69 MPa 时，压差开关发出报警，说明过滤器已脏或者被堵塞，需要更换。

4.4.5.5　油动机排油压力(PI-006，PS-012)

油动机排油管线的压力会向电厂运行人员提供滤油器的相对清洁程度。当压力达到约 0.3 MPa(g)时，压力开关发出报警信号，说明滤油器已脏或者被堵塞，需要更换。

4.4.5.6　LHS 系统供油压力(PT-001，PI-001)

运行人员利用供油压力传感器监测供向高压母管的 EH 油压。在运行的 EH 油泵故障时，由该传感器启动备用 EH 油泵。在压力异常时，该传感器会发出报警，高报定值约 15.2 MPa(g)，低报定值约 10.8 MPa(g)。当出现低报时说明系统可能出现故障(如供油泵故障等)，系统的油压不足，无法对进汽阀门进行可靠操作。

4.4.5.7 紧急跳闸压力(PS-071/A/B/C)

三个压力开关用来执行监测 AST 母管油压并触发 AST 电磁阀(SV-121,SV122,SV123,SV124)动作的保护功能。当三个压力开关中的两个探测到 AST 母管的压力低于 6.9 MPa(g)时,触发 EH 油压低保护。

4.4.5.8 逆功率保护(PdS-072,PS-073)

当 AST 母管的压力降到 6.9 MPa(g)同时发生逆功率的情况时,发电机出口继电器将被触发。压力开关会提醒电厂操纵员汽轮机已跳闸,操纵员需要关注发电机逆功率继电器的状态。

4.4.6 技术参数

技术参数见表 4-4-2。

表 4-4-2 压力设定值

名　称	定值/MPa(g)	名　称	定值/MPa(g)
安全阀设定值	16.2	EH 油压力高报警	15.2
EH 油压力设定值	13.8	EH 油压力低报警	10.8
EH 备用油泵自动启动	10.3	EH 油压力低跳机	6.9
高压蓄能器充气压力	8.6～7.9	低压蓄能器充气压力	0.2
压力回油	＜0.3	保安油压	0.72～0.76

4.5 汽轮发电机组润滑油系统(LOS)

4.5.1 系统功能

(1) 润滑

为汽轮发电机组轴承、顶轴油泵、盘车装置电动机供应它们正常运行期间所需的润滑油,支持电厂的正常运行及事故需要。

(2) 温度控制

在向汽轮发电机组轴承供油之前冷却润滑油。

(3) 夹带氢气控制

通过将发电机轴承回油引入空侧回油密封箱进行除氢,使润滑油中夹带的氢气保持低浓度。通过主油箱上的排烟风机进一步去除润滑油系统中所含氢气。

(4) 顶轴

在盘车运行期间,顶轴油泵为低压缸和发电机的径向轴承提供顶轴油,将转子托起,防止汽轮发电机大轴干摩擦。

(5) 为其他系统供油

为 LHS 系统相关的汽轮发电机机械超速和手动跳闸母管供应保安油;向发电机提供

氢气密封备用油以及密封油系统的最初充油和补油。

(6) 油净化

LOS系统通过自身的油净化单元除去油蒸汽和水汽。

(7) 紧急排油

在紧急工况下润滑油将会从主油箱和储油箱排到厂区的废油储存设施。

(8) 油的存储和传输

在对主油箱或油净化单元进行检查或需要停机检修期间，LOS系统对储油箱中的润滑油进行储存和传输。

4.5.2 系统描述

4.5.2.1 润滑、顶轴和盘车

润滑油系统正常运行期间，由主油泵提供主要动力使两个注油器从主油箱抽出润滑油，一路送到主油泵的吸入口，一路经冷油器冷却后送至汽轮发电机组轴承，供应到汽轮发电机组轴承的润滑油流过轴瓦半壳内的油道，通过转轴的自抽吸作用在轴承内分配。润滑轴承之后润滑油流至轴承座，然后在母管内汇集并流回主油箱重复循环。

发电机的励磁器和转子的径向轴承与汽轮机轴承的润滑油均由同一供油母管供油。用来润滑励磁器径向轴承的润滑油，与汽轮机轴承的润滑油共用回油母管流回主油箱；用来润滑发电机转子径向轴承的润滑油，先流到空侧回油密封箱，由排烟风机抽出里面的气体，再从空侧回油密封箱流回至主油箱。

当汽轮机跳闸后轴承供油母管油压降低到设定值时，交流润滑油泵将自动启动。如果主油泵和交流润滑油泵失效时，事故直流油泵将自动启动，它由蓄电池组供电，在系统中作为交流润滑油泵的备用泵，是保证汽轮发电机组轴承润滑油的最后油源。主油箱上还装有一个控制油泵，该泵在机组启动期间为LOS的机械超速和手动跳闸母管供给高压油并作为HSS系统的高压密封油备用油源。

盘车装置运行期间，LOS也为汽轮机高压缸、低压缸、发电机和励磁器轴承供油。盘车装置本身由一条喷油管进行润滑，这条喷油管与盘车装置供油管路相连。其中一路进入盘车装置集油堰，为盘车齿轮提供油浴，另一路油经电磁阀后由装在油管上的喷嘴连续地向传动齿轮喷油。低压缸六个径向轴承和发电机两个径向轴承均由顶轴油泵供应顶轴油。盘车装置运行之前，顶轴油泵提供的顶轴油被送至轴承内的巴氏合金油槽。该油槽在转子轴颈和轴承之间有效地分配顶轴油。当高压油压力大于转子重量时将托起转子，使转子与轴承脱离。此时，转子和径向轴承之间形成的间隙将释放油压至一定值，使得作用于转子上的总力与转子重量相等，使转子浮于一层油膜上，从而减少摩擦力矩和盘车装置功率，并避免了干摩擦。

4.5.2.2 润滑油净化

润滑油净化、存储和传输系统的净化泵可从主油箱中抽出润滑油，通过净化单元进行过滤和脱水，将净化后的润滑油送回至主油箱。

主油箱收集回油并为交流润滑油泵、事故直流油泵、控制油泵、注油器和滤网等设备提供一个安装的场所。主油箱位于汽轮机厂房的一楼。通过使用净化油泵和输油泵可以对主

油箱实施排油操作。润滑油净化单元对润滑油进行净化以去除其中的离子杂质和水分并在电厂正常运行期间维持油质在技术规格书所要求的范围之内。

主油箱上安装了两个100%容量的电动排烟风机去除油蒸汽和水汽,使LOS主油箱、汽轮机基座、轴承箱和油防护套管内保持微真空,防止油蒸汽泄漏到空气中。

4.5.2.3 润滑油储存和传输

LOS包括储油箱,主油箱(MT-01),供油泵,输油泵等设备。其中储油箱又包括净油箱和污油箱。

储油箱存储了LOS系统所需的所有润滑油。储油箱为主油箱提供最初的充油和后续的补油。通过使用供油泵和输油泵可以实现储油箱和主油箱之间油流的传输。当电厂停运后,储油箱中的油可以经过油净化单元处理后返回储油箱,从而实现油的净化。

4.5.2.4 紧急排油系统

在发生如火灾等紧急情况下,主油箱和储油箱中的油将会被排到废油储存设施。

4.5.3 主要设备

4.5.3.1 油箱

(1) 主油箱(MT-01)

主油箱采用碳钢制成,正常运行时容量约65 m^3,最大容量为106 m^3。当发生交流电源失电且冷油器断水时,此容量可保证机组在整个停机惰走过程中轴承油温不超过设定值,以保证轴瓦的安全。此容量还能保证机组在停机时容纳回油。在正常运行时,要求回油在主油箱中停留时间足够长,以利于油中杂质的分离。油箱内表面涂有耐油环氧树脂漆,使油箱内部腐蚀及随后进入LOS的污染物颗粒达到最少。主油箱上装有控制油泵、事故直流油泵、交流润滑油泵、一套排烟系统、油位传感器和压力传感器。这种组合式油箱使油系统结构更紧凑,同时也能减少运行时油的泄漏,更有利于油系统的封闭运行。润滑油必须是稠度均一的精制矿物油,必须含有抑制泡沫、氧化和部件腐蚀的添加剂。机组使用之前润滑油必须进行脱水处理,总含水量不得超过0.05%。

主油箱内,止回阀阻止系统内润滑油倒流。注油器安装在主油箱油位以下。事故直流油泵和交流润滑油泵吸入口及回油口的滤网帮助阻止颗粒污染物在系统内循环流动。

该油箱外壳顶部有一个人孔,底部有一个放油口,此外还装有两个防爆安全盖。每个防爆安全盖有一个用衬垫装配的装置在排烟风机运行过程中提供气封。每个盖由一根穿过防爆盖把手的杆固定。如果压力积聚将顶起防爆盖,释放过高的压力。防爆安全盖的位移由杆限制装置约束。

主油箱回油槽上装有80目不锈钢金属丝组成的回油滤网。进入回油槽中的回油靠重力流过滤网进行过滤,防止颗粒状杂质进入主油箱。

机组要求油温必须在10 ℃以上才能启动油系统,因此主油箱顶上装有4台浸没式电加热器,在需要时加热油以维持足够的油温。主油箱上装有带油位开关的油位计监视主油箱内的油位。当油箱油位明显偏离正常运行的油位(正常油位±150 mm)时,油位计将会触发报警。如果电加热器的加热元件未被油淹没而通电将会引燃油箱中的油雾,因此电加热器与油箱油位计联锁,在加热元件露出油面之前切断电加热器的电源。油箱在顶部开有维护用人孔，在底部设有排油口和疏水口。在长期停机期间，渣滓和水都会沉淀到油箱底部，因此在油系统运行前应从排油口排出少量油，将水和杂质带出。正常运行过程中也会有沉积，一般要求定期排污。

（2）净油箱

净油箱由碳钢制成，其容量大约为 115 kL。这个油箱由液位计，滤网，排气孔和人孔等组成。这个油箱具有一个接口可以允许从卡车的油罐上向其充油。供油泵可以将净油箱的油传送至主油箱或油净化单元。

（3）污油箱

污油箱由碳钢制成，其容量大约为 115 kL。这个油箱由液位计，滤网，排气孔和人孔等组成。这个油箱具有一个接口可以允许从卡车的油罐上向其充油。输油泵可以将来自主油箱或油净化单元的油输送至污油箱。

4.5.3.2　油泵

（1）主油泵

主油泵是与汽轮机同轴的一个蜗壳式离心泵，位于 1 号轴承座内高压缸转子前端相接的短轴上，由汽轮机转子驱动。达到或接近额定汽轮机转速时，主油泵为 LOS 供应润滑油，为 LHS 隔膜阀供应高压油，为 HSS 提供高压密封备用油。主油泵不能自吸油，并且主油箱的标高比主油泵低得多，必须在压力作用下不断地为其补给润滑油。

机组启动期间，交流润滑油泵向主油泵吸入口供油。当汽轮机接近额定转速时，注油器分别向主油泵和轴承供油。

（2）注油器

注油器实质上是一个射流泵，其优点是结构简单、工作稳定、易于制造和调整，缺点是噪声大且效率不高。注油器由喷嘴、混合室、喉部和扩散管等基本部分组成。喷嘴的进口与提供动力油的主油泵出口相连。工作时，主油泵来的压力油以很高的速度从喷嘴射出，在混合室中形成一个负压区，油箱中的油被吸入混合室。同时，由于油的黏性，高速油流带动吸入混合室的油进入注油器喉部，油流通过喉部进入扩压管以后速度降低，部分动能转变为压力能使压力升高，最后将有一定压力的油供给系统使用。本系统中有两个注油器，与主油泵联合运行。一个注油器向主油泵吸入口供油，另一个向汽轮发电机组的轴承供油。当汽轮发电机组达到或接近额定转速时，主油泵出口的高压油供到注油器进口，注油器则从主油箱抽出润滑油。注油器下游管路内装有一个摆动式止回阀阻止系统内润滑油倒流。

（3）交流润滑油泵

交流润滑油泵是一个立式离心泵，由一个三相、380 VAC、90 kW 电动机驱动。电动机装在主油箱上，油泵浸入油箱的润滑油中。当汽轮机转速未接近额定转速时，该泵还向主油泵吸入口供油直到注油器能够承担此工作。该泵的顶部装有一根预润滑推力轴承，用来支撑泵的转子重量。泵的中间轴承和下部轴承由泵出口供给润滑油进行润滑。泵吸入口配备一个滤网，防止异物进入油泵。

（4）事故直流油泵

事故直流油泵是一个立式安装的离心泵，由一个 75 kW，125 V 直流电动机驱动。结构和尺寸同交流润滑油泵相似，蓄电池组提供事故直流油泵所需的直流电压。事故直流油泵作为最终备用泵，该泵不用于汽轮发电机组的长期运行，只用于保证汽轮发电机组安全停机。泵吸入口配备一个滤网以防止异物进入油泵。

(5) 控制油泵

控制油泵是一个立式安装的离心泵，位于油箱顶部，结构同交流润滑油泵相似。控制油泵电动机由一个三相、380 VAC、37 kW 电动机驱动。该泵的出口接有止回阀，将油送至高压密封备用油联管、超速和手动跳闸母管及隔膜阀。

(6) 顶轴油泵

本系统设置两个顶轴油泵，安装于汽轮机底座上。泵的类型为叶片式容积泵，电动机为三相、380 V 交流电动机，额定功率 37 kW，泵流量 110 L/min。泵的正常工作出口油压约为 14.7 MPa(g)。每个顶轴油泵吸入口均装有一个过滤器，保护泵不受油污损害，阻止有害颗粒到达汽轮发电机组轴承。

(7) 供油泵

供油泵是一个正排量齿轮泵，位于储油箱旁边，用于从储油箱向主油箱供油。

(8) 输油泵

输油泵是一个正排量齿轮泵，位于主油箱旁边，用于主油箱的排油。

4.5.3.3 主油箱排烟风机

在润滑油系统运行时，少部分油蒸发为油雾，这些油雾积聚在油箱内的油面之上以及轴承箱和油管中。如果油雾积累过多，压力太高，油雾将漏入厂房。为了防止油雾压力太高而泄漏，设置了除油雾装置。该装置通过一个吸气口与油箱内部油面以上空间相通的排烟风机，使油雾积聚的地方产生微负压，从而将油雾吸出，并将油从油雾中分离出来送回油箱，经过分离净化的油雾则排向大气。

正常时一个排烟风机运行，另一个备用。如果运行的排烟风机停止或油箱内压力增大过多，备用排烟风机将自动启动。只要润滑油在润滑油系统(LOS)中循环，就应保持一个排烟风机运行。如果排烟风机外壳内出现积油，风机可能发生过载，所以外壳上设有疏油孔，通过一个环形密封将积油排放至主油箱。排烟风机由一个 7.5 kW、380 V、三相交流电动机驱动。

4.5.3.4 润滑油净化单元

润滑油净化单元由一个净化泵、仪表和管道组成。该单元通过净化泵从主油箱或储油箱取油，之后对润滑油进行净化和脱水，并使其返回主油箱或储油箱。功率运行期间净化单元根据需要投入运行，从而使汽轮机润滑油质保持在要求的规格范围内。

(1) 净化泵

净化泵是一个电动机驱动、卧式布置的齿轮泵，高强度灰铸铁外壳、钢制齿轮、额定出口压力为 0.34 MPa。净化泵使润滑油在主油箱和净化单元之间循环，也可用来将润滑油传送至储油箱。净化泵电动机使用三相、380 V 交流电源，额定功率为 5.5 kW。

(2) 前置过滤器

待处理的润滑油注入前置过滤器，然后流过滤芯流到过滤器中心，之后流向前置过滤器出口。润滑油中所含的太大而不能通过滤芯的颗粒在过滤器底部沉淀，而细颗粒进入并被截留于滤芯的超细纤维网里。

（3）聚合过滤器

润滑油注入聚合过滤器滤芯后，小水滴在滤芯里合并形成大水滴，一旦从滤芯中漏出它们就立即被收集在下部的水层。油和水层通过各自独立的出口流出过滤器。聚合过滤器同时还将固体颗粒捕捉在滤芯内从而将固体颗粒与油分离。

4.5.3.5　冷油器

润滑油经过轴承和盘车后油温要升高。油温反映了轴承的工作情况，影响着机组的安全运行，因此必须将轴承回油温度限制在 77 ℃内。当任一轴承回油温度高于 77 ℃时产生报警信号。为了达到这个要求，在正常运行工况需通过冷油器控制润滑供油温度在 45～50 ℃之间。有两个 100％容量 U 形管壳式冷油器，冷却水在管内流动，润滑油在壳侧流动。冷油器水平安装在主油箱旁边，正常运行期间一个运行，另一个备用。两个冷油器的进油口通过跨接管和旁路阀互相连接。正常运行期间，旁路阀始终开启，使处于备用状态冷油器的外壳充满油，防止在切换后的瞬间造成轴承断油而引起事故。冷油器出口处安装的三通阀允许冷油器中的任何一个投入使用，必要时将出口三通阀置于中间位置可同时使用这两个冷油器。来自高温润滑油的热量通过冷油器传递至 TCS。通过控制 TCS 侧阀门的开度调节冷却水流量，从而控制冷油器出口油温。

每个冷油器均有一条排气管线，由冷油器壳侧顶部连至主油箱，在这段管道上装有可视流量指示器。当可视流量指示器指示有润滑油流动时，冷油器排气结束，润滑油充满整个冷油器。

4.5.3.6　盘车装置

盘车装置由壳体、盘车电机、蜗杆、蜗轮、减速齿轮、润滑油管路、启动啮合装置等组成。盘车装置内配备有一个盘车装置电动机和三个电磁阀。盘车装置回路有压力传感器，在轴承油压丧失后自动停止盘车装置电动机。

4.5.3.7　管道

除发电机轴承的进油排油管道外，润滑油系统的其他油管是防护性套装管道。最外层的大管道是通向主油箱的回油管，同时也对里面套装的管道起防护作用。内部的小口径管道是压力油输送管，每隔一段距离由角钢支撑，一旦有压力油泄漏，漏油将流回油管道，不会喷射到汽轮机的高温管道上。

4.5.4　系统运行

4.5.4.1　正常运行

（1）电厂启动工况

润滑油系统开始工作前必须保证监视仪表投入正常工作。LOS 在汽轮发电机盘车前就要投运。

油箱中的油温必须达到 10 ℃以上才能启动油泵。油的升温由安装在主油箱内的电加热器完成。在汽轮机置于盘车运行或冲转前润滑油温应不小于 21 ℃。润滑油通过三通阀经冷油器后进入汽轮发电机组的轴承中，而此时的油不应被冷却，当主油箱油温达到 45 ℃时才允许冷却水进入润滑油冷油器。在轴承润滑油压上升到 98 kPa(g)、顶轴油泵出口油压大于 14.7 MPa(g)同时有汽轮机零转速信号且 HSS 系统的油/氢压差＞20 kPa 时，启动盘车装置。如油压不足，与各顶轴油泵连接的一个联锁压力传感器将闭锁盘车装置启动。

盘车装置运行期间，顶轴油泵为低压缸和发电机转子与径向轴承之间提供顶轴油，依靠液压提升转子，使转子与轴承脱离，降低对盘车装置电动机的功率要求。

电厂启动和停运期间，交流润滑油泵为汽轮发电机轴承和盘车装置提供润滑油，还为主油泵吸入口供油。控制油泵产生足够的保安油压，使 LHS 系统的隔膜阀复位，并为发电机提供备用密封油。

（2）功率运行工况

汽轮发电机转子由蒸汽冲转脱开盘车装置并逐渐上升到额定转速，该过程称为“启动”。当蒸汽压力足够以及汽轮机金属温度保持在规定温度范围以内时，汽轮发电机组由蒸汽冲转脱开盘车装置并逐渐上升到额定转速（1 500 r/min）。冲转的同时要监测径向轴承振动水平和汽轮机金属温度。

当汽轮发电机从盘车转速冲转时，盘车装置跳闸电磁阀通电，盘车装置离开啮合位置。转速上升到约 100 r/min 后盘车装置的自动程序失效，盘车装置停运并切断盘车装置润滑油，结束所有盘车装置的运行。

当汽轮机运行转速达 1 000 r/min 以上时，主油泵出口油压超过交流润滑油泵和控制油泵出口油压，注油器开始向主油泵吸入口、汽轮发电机轴承、HSS 系统以及 LHS 系统的隔膜阀供油。交流润滑油泵和控制油泵将继续运行，直到操纵员手动将其停运。操纵员将泵手动停运之后，应将泵的状态放在备用位置作为备用油泵。正常运行期间轴承供油母管的油压为 0.12 MPa(g)。

（3）电厂停机运行

机组从电网中脱开后将汽轮机打闸，汽轮发电机组转子降速直至停下来，投入盘车装置进行盘车的过程称为停机。机组从同步转速减速至盘车装置运行转速期间，为了保证轴承的良好润滑，仍需进行油循环并使顶轴系统投入运行。停机期间润滑油系统运行分为三种工况：惰走、盘车、转子静止。

1）惰走

惰走时，主油泵不能维持正常的轴承润滑油压，当轴承润滑油压降到 83 kPa(g)时，交流润滑油泵将自动启动。如润滑油压继续下降至 64 kPa(g)，事故直流油泵将自动启动。当保安油压下降到 0.74 MPa(g)时控制油泵将自动启动。当汽轮机转速为 600 r/min 时顶轴油泵启动支撑低压汽轮机和发电机转子重量。当转速降低至 100 r/min 以下时，向盘车装置供油的电磁阀首先通电，并向盘车装置供给润滑油。

2）盘车

一旦汽轮发电机组转速达到零转速、轴承供油压力≥34 kPa(g)以及所有顶轴油泵以 14.7 MPa(g)出口油压工作时，盘车装置啮合。机组保持盘车运行，直到它重新启动或冷却到接近环境温度。在盘车转速下为增大润滑油黏度需要将供油温度降至 30 ℃以下，从而增大轴与径向轴承之间的油膜厚度，减小轴承磨损。通常的降温方法是增加通向运行冷油器的冷却水流量，或当汽轮发电机组跳闸时启动备用冷油器，也可同时采用以上两种方法。

通常在停机后盘车运行期间润滑油温保持在 21～45 ℃之间。

3）转子静止

盘车停止后，系统仍应保持运行一段时间。

（4）油净化和脱水

油净化单元用来对润滑油进行过滤并去除其中的水分。通常油净化单元投运来维持所要求的油质。油净化单元对主油箱的油进行过滤并去除水分，使其水分含量小于 0.05%。然后将净化后的油打回到主油箱。净化的速率大约是 4.16×10^{-3} m^3/s。

（5）润滑油储存和传输

储油箱中的油由外界的油罐对其进行添加。通过供油泵可以将储油箱中的油传送到主油箱。此外，在对主油箱，油净化单元或油冷却器进行检查或者需要停机检修期间，主油箱中的油可以通过输油泵而回到储油箱。

4.5.4.2　事故工况

（1）紧急跳机功能

LOS 系统通过向机械超速和手动跳机母管供应保安油，必要时为汽轮发电机组提供保护。这种情况主要针对机械超速。

（2）手动停机

隔膜阀是一个液压动力阀。这个阀门的动力油来自 LOS 系统的机械超速和手动跳机母管。和紧急跳机的情况类似，当手动动作机头的停机杆后，同样使得隔膜阀失压，进而实现所有的汽轮机进汽阀门关闭。

（3）交流电失电

当交流电失电时，事故直流油泵自动启动，为交流润滑油泵提供应急后备。当轴承供油压力下降至 64 kPa(g)，即向事故直流油泵发送启动信号（轴承油压低于 49 kPa(g)时自动跳机）。

（4）紧急排油情况

在发生如火灾等紧急情况下，主油箱和储油箱中的油将会被排到厂房外的废油储存设施。

4.5.4.3　注意事项

为提高润滑油的清洁水平，防止污染物进入管道和设备，要对润滑油进行定期冲洗。定期冲洗由 LOS 系统中安装的轴承冲洗过滤器和循环过滤器来完成。

4.5.5　技术参数

技术参数见表 4-5-1。

表 4-5-1　技术参数

设备名称	出口压力	容量
主油泵	1.67 MPa(g)	0.21 m^3/s
控制油泵	1.0 MPa(g)	0.012 5 m^3/s
交流润滑油泵	0.36 MPa(g)	0.13 m^3/s
事故直流油泵	0.31 MPa(g)	0.12 m^3/s
顶轴油泵	14.7 MPa(g)	0.001 8 m^3/s
主油箱排烟风机	700 mmH_2O[1)]	0.5 m^3/s

1) 1 mmH_2O=9.806 65 Pa。

4.6 氢气密封油系统(HSS)

4.6.1 系统功能

(1) 在发电机轴两端密封氢气:为了防止氢气从发电机轴端泄漏,向安装于发电机轴两端的轴封供应加压密封油;

(2) 维持发电机机座内的氢气高纯度:通过密封油的作用防止空气或水分进入发电机机座内,从而保持发电机线圈干燥,维持氢气的高纯度。

4.6.2 系统描述

氢冷汽轮发电机的转轴必须穿出发电机的端盖,在转轴穿出端盖的部位是氢冷发电机密封的关键。密封油系统为安装于发电机两侧的轴封密封环提供压力油进行润滑和密封,从而防止氢气从发电机转子泄漏出发电机。

密封油系统为双流型,分为空侧密封油子系统和氢侧密封油子系统。轴封密封环有两个环形槽,形成两个单独的油回路。空侧密封油进入外槽向发电机支座的外侧流动,氢侧密封油进入内槽向发电机支座的内侧流动。

在密封环处,如果空侧密封油压力高于氢侧密封油,部分空侧密封油将从此处流入氢侧密封油子系统。因空侧密封油含有空气,长期如此运行必将导致氢侧密封油品质恶化,使发电机机座内的氢气纯度恶化,纯度降低到95%~96%。同时,空侧密封油流入氢侧会导致氢侧回油调节箱油位上升,过剩的氢侧密封油将通过氢侧回油调节箱排回至空侧密封油子系统。

为避免出现氢侧密封油品质恶化的情况,本系统设置了交换密封油真空处理单元。系统正常运行时,维持轴封密封环处的氢侧密封油压力比空侧密封油压力略高,并维持二者压差恒定,使得少量的氢侧密封油向外流向空侧密封油子系统。这将导致氢侧回油调节箱的油位下降,部分经过真空处理单元处理过的空侧密封油通过供油泵供入氢侧回油调节箱,补偿氢侧减少的油量。与未经处理的空侧密封油相比,经真空处理的空侧密封油不含任何空气和水分,所以发电机机座内的氢气纯度可以维持高于98%。流程简图如图4-6-1所示。

4.6.2.1 空侧密封油子系统

空侧回油密封箱接受发电机轴承回油和从轴封来的空侧密封油回油。它配备有两个排油管,一个向空侧密封油泵吸入口供油,另一个将一些密封油和轴承油排向汽轮机润滑油主油箱。同时它配备有排烟风机,将空气和氢气排向大气。

空侧密封油子系统配备有一个空侧交流密封油泵和一个空侧直流密封油泵,两个泵并联布置,共用吸油母管和排油母管。在空侧交流密封油泵故障时空侧直流密封油泵作为备用。空侧交流密封油泵从空侧回油密封箱吸油后排入空侧密封油冷油器。空侧密封油压力由空侧密封油泵出口母管上的压差调节阀维持,比发电机内氢气压力高出85 kPa。

空侧密封油子系统配备有两个并联布置的冷油器,正常运行时一用一备。过滤器也是两个并联布置,一用一备。密封油经冷油器冷却后流经运行的过滤器进行过滤,之后流入轴封。在轴封内,空侧密封油从密封外槽沿着轴向大气侧流动,流出轴封后同发电机轴承回油

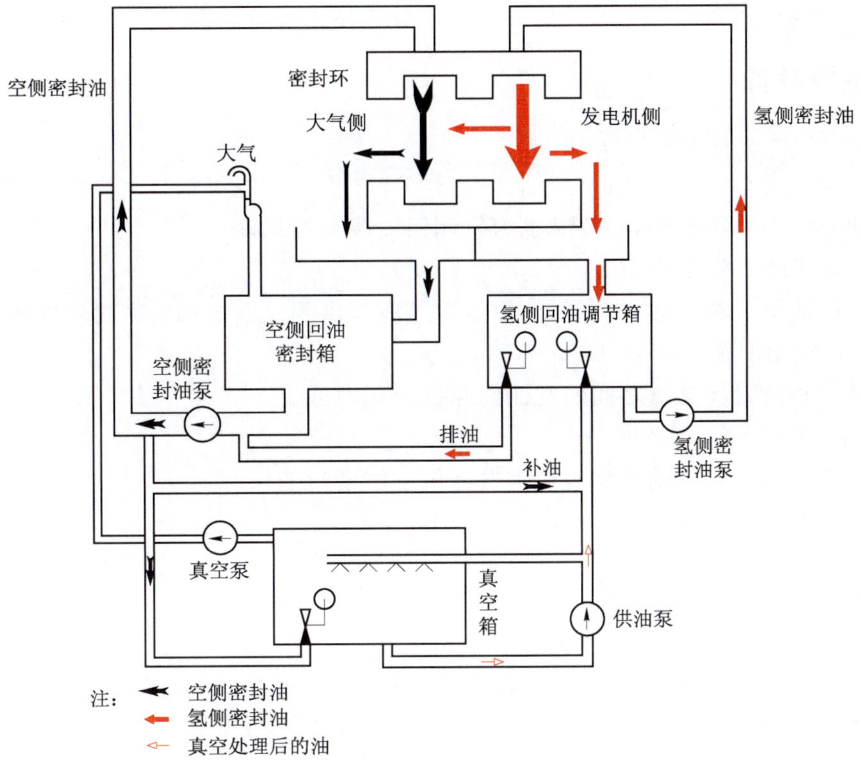

图 4-6-1 HSS 系统简图

混合流入空侧回油密封箱。另外在过滤器的出口也有管路，使空侧密封油泵可以为真空箱和氢侧回油调节箱提供补充油。

4.6.2.2 氢侧密封油子系统

氢侧密封油泵从氢侧回油调节箱吸油，排到氢侧密封油冷油器。冷油器并联布置两个，一用一备。过滤器也一样。密封油从运行的冷油器流出流经运行的过滤器过滤后流向压力平衡阀。

压力平衡阀调节流入轴封的氢侧密封油压力，保证氢侧密封油压力同空侧密封油压力近似相等。氢侧密封油从压力平衡阀流出后，流入发电机两端轴封的氢侧密封内槽，然后流向发电机内侧，在这个过程中密封油会吸收发电机内部的氢气。之后，氢侧密封油排向位于每个轴封下面的消泡箱，消泡箱允许一部分氢气从密封油内释放出来返回到发电机。从消泡箱流出后密封油返回到氢侧回油调节箱。

4.6.2.3 轴封浮动油

轴封浮动油泵从空侧密封油过滤器下游的供油母管吸油，通过单独的浮动油管线将浮动油供应到空侧密封环和密封环支座之间，对密封环产生一个往发电机方向内推的作用力，从而抵消氢侧密封环端面的氢气向外推的影响，并形成油膜润滑轴封，保证了密封环在较高的压力下能自由浮动，防止因密封环卡涩而引起发电机转轴过大的振动。

4.6.2.4 交换密封油真空处理单元

此单元接收空侧密封油子系统的密封油，向氢侧回油调节箱供应经真空处理的加压油。

即使此单元发生故障发电机也可以依靠正常的双流环式密封油系统保持连续运行。

4.6.3 主要设备

(1) 空侧交流密封油泵(MP-001)

从空侧回油密封箱吸油,将密封油加压后经冷却供到发电机轴封密封环外槽,同时也为轴封浮动油泵和真空箱供油,必要时也为氢侧回油调节箱供油。

(2) 氢侧密封油泵(MP-003)

从氢侧回油调节箱吸油,将密封油加压后经冷却供到发电机轴封密封环内槽。

(3) 轴封浮动油泵(MP-004)

向密封环和密封环支座之间的空侧间隙供应压力油。

(4) 事故直流油泵(MP-002)

在交流密封油泵失电或故障时提供发电机空侧密封油。

(5) 密封油冷油器(ME-001A/B,002A/B)

空侧和氢侧密封油子系统都各有两个并联布置的冷油器,将发电机轴承、轴封和密封油泵内由于摩擦而传给密封油的热量带走。

(6) 密封油过滤器(PY-S01,S02)

在空侧密封油和氢侧密封油冷油器下游分别布置两台并联的过滤器,防止固体杂质对轴封密封环产生损坏。

(7) 主压差调节阀(PL-V406)

主压差调节阀与空侧交流密封油泵和空侧直流密封油泵并联布置,通过将泵出口多余的密封油返回到泵的吸入口的方式,维持密封环处空侧密封油压力高出发电机内氢气压力85 kPa。

(8) 备用压差调节阀(PL-V457)

备用压差调节阀与高压备用密封油管线相连,在油/氢压差降低到60 kPa后自动打开,维持空侧密封油压力高出氢气压力60 kPa。调节阀配备有金属波纹管执行元件。

(9) 压力平衡阀(PL-V439/V441)

氢侧密封油子系统有两个压力平衡阀,一个用于汽轮机侧轴封密封环,另一个用于滑环侧轴封密封环。压力平衡阀配置有活塞式执行元件,通过减小氢侧密封油压力使密封环处的氢侧密封油压比空侧密封油压稍高并且维持压差恒定不变。

(10) 氢侧回油调节箱(MT-001)

在氢气到达氢侧密封油泵前对氢气进行密封,同时作为氢侧密封油泵的吸入油箱。当油箱内油位高时,浮球将排油阀打开,使多余的油排到空侧油路。当油箱油位低时,浮球将补油阀打开,使补充油进入氢侧回油调节箱。

(11) 真空箱(MT-002)

真空箱为供油泵供油,同时也接受供油泵的大部分排油。箱内装有雾化喷嘴帮助气体从密封油内分离,分离出的气体通过真空泵抽出并排向大气。

(12) 真空泵(MK-001)

真空泵维持真空箱内压力约为−95 kPa(g)。配备有油分离器对真空泵进行密封和润滑,并将积聚的水排掉。

(13) 供油泵(MP-005)

供油泵从真空箱内吸油,并排向氢侧回油调节箱。正常运行时因泵的流量远大于补充到氢侧回油调节箱的流量,所以绝大多数油返回到真空箱内。

(14) 交换密封油真空处理单元压力调节阀(PL-V467)

压力调节阀维持供油泵出口压头为恒定值,并将过剩的油排向真空箱。

(15) 空侧回油密封箱(LOS-MT-401)

发电机氢气轴封发生故障将导致回油管线氢气突然增多,空侧回油密封箱在这种故障下防止发电机内的氢气泄漏到润滑油系统的主油箱内。

(16) 排烟风机组件(MB-401A/B)

由于氢气的挥发性、渗透性极强,不可能避免氢气泄漏到发电机轴承室或在空侧回油密封箱内积聚,因此必须不断地将这部分氢气排出。排烟风机的作用是防止氢气泄漏到汽轮机房内或润滑油系统中。废气从排烟风机排出,然后经一条单独的排气管直接穿过汽轮机房屋顶排入附近的空气中。该组件是空侧回油密封箱组件的一部分,由排烟风机和装有逆止阀的旁路组成,在正常运行工况下为空侧回油密封箱上游的发电机回油系统提供负压。

4.6.4　系统运行

4.6.4.1　正常运行

(1) 发电机启动工况

在向发电机内充氢气之前或在将发电机置于盘车运行之前,必须投运密封油系统。只要发电机内有氢气或大轴在转动就应维持密封环处的密封油压。在密封油系统正常运行工况下,由空侧交流密封油泵、氢侧密封油泵供给密封油,轴封浮动油泵供给轴封浮动油。密封环处的密封油压由压差调节阀维持比氢气压力高出 85 kPa。氢侧密封油压由压力平衡阀调节,且维持氢侧密封油压比空侧密封油压稍高。在向发电机内充氢气时就应投运交换密封油真空处理单元维持发电机机座内氢气纯度。在发电机内充氢后空侧回油密封箱上的排烟风机应保持连续运行,维持空侧回油密封箱内压力在−0.25 kPa(g)到−0.5 kPa(g)之间。

(2) 发电机正常运行工况

密封油油温由冷油器冷却水出口管线上的温度调节阀自动控制在 43 ℃。空侧密封油压力与氢气压力的差值由压差调节阀维持在 85 kPa 这样一个恒定值,压力平衡阀维持氢侧密封油压力比空侧密封油压力稍高。

(3) 发电机停机工况

只要发电机内有氢气或发电机处于转动状态,氢气密封油系统就不能停运。在停机期间,如汽轮机润滑油系统在运行、同时空侧回油密封箱上排烟风机也处于运行状态且密封油压力可以维持的条件下,氢气可以保留在发电机内。如汽轮机润滑油系统停运,空侧回油密封箱可能没有足够的油位,这时如确认润滑油系统长时间不可用则推荐对发电机进行氢气置换。

4.6.4.2　异常运行

(1) 密封油备用

HSS 正常运行时空侧密封油由交流油泵供给,维持密封环处密封油压力高出氢气压力

85 kPa。如果空侧交流密封油泵故障，密封环处油/氢压差降到 60 kPa 时汽轮机备用压差调节阀将自动打开，维持油/氢压差在 60 kPa。若油/氢压差继续下降到 35 kPa 会发出密封油压力低报警，空侧直流密封油泵将自动启动将油/氢压差恢复到 85 kPa。

（2）氢侧密封油泵故障

在发电机处于正常运行时如氢侧密封油泵故障可以将该泵停运。这时从空侧流向氢侧的密封油量大增，渗透的空气大增，大量氢气由于密封油的吸收而从发电机内被带走。在这种工况下，为维持发电机内氢气纯度，必须每天置换一少部分氢气，或者在发电机内氢气纯度降低到一定值时置换大量氢气。

（3）交换密封油真空处理单元故障

如没有该真空处理单元，发电机内的氢气纯度可维持在 95%～97%，这也足以保证发电机的运行，所以在发电机正常运行期间可随时旁通该真空处理单元。

4.6.4.3 注意事项

（1）在发电机内有氢气或大轴处于转动状态时必须维持密封环处的密封油压。

（2）为了防止损坏密封环和发电机转子，必须将密封油的杂质完全清除。

（3）在发电机内充有氢气时，空侧回油密封箱的排烟风机应保持连续运行，对发电机轴承座和轴承回油系统进行通风。

（4）为保证氢气密封应保持油/氢压差不小于 20 kPa，密封油供油温度应维持在 48 ℃以下。

4.6.5 控制和联锁

（1）盘车运行联锁

发电机处于盘车运行和正常运行时都必须建立密封油压。在油/氢压差低于 20 kPa 时密封环会与转轴相接触，这时如发电机运行会对密封环和转轴造成损坏。所以设置油/氢压差作为盘车运行的联锁条件，在压差开关触发时将闭锁盘车电机启动。

（2）真空泵运行联锁

在真空箱的油位达到高定值时，为避免真空泵损坏将自动停运真空泵。

4.6.6 技术参数

技术参数见表 4-6-1 和表 4-6-2。

表 4-6-1 密封油系统泵主要参数

名称	吸入压头/MPa(g)	出口压头/MPa(g)	流量/(L/min)	功率/kW
空侧交/直流密封油泵	0.05	0.95	>650	22
氢侧密封油泵	0.5	0.95	>226	5.5
轴封浮动油泵	0.70	1.15	30	1.5
供油泵	−0.08	1.05	>75	5.5
排烟风机	静压：0.93(最大)		2 200	0.4

表 4-6-2　密封油与冷油器相关参数

名称	入口油温/℃	出口油温/℃	油侧压力/MPa(g)	水侧压力/MPa(g)
空侧密封油冷油器	63	43	1.05(最大)	0.4
氢侧密封油冷油器	63	43	1.15(最大)	0.4
密封环处最大密封油压力为 0.7 MPa(g)				

4.7　发电机定子冷却水系统(CGS)

4.7.1　系统功能

(1) 发电机定子线圈采用水内冷，通过高纯度水在定子线圈空心导线中循环流动将定子线圈电阻损耗产生的热量带走；

(2) 对水进行过滤去除外来杂质；

(3) 对水进行去离子处理，控制水的电导率。

4.7.2　系统描述

CGS是一个闭式循环系统，为发电机定子线圈提供去离子水，将定子线圈中产生的热量带走，补充水来自除盐水系统。这个系统主要由定子冷却水泵、水箱、冷却器、过滤器、离子交换器及仪表架等设备组成，如图 4-7-1 所示。

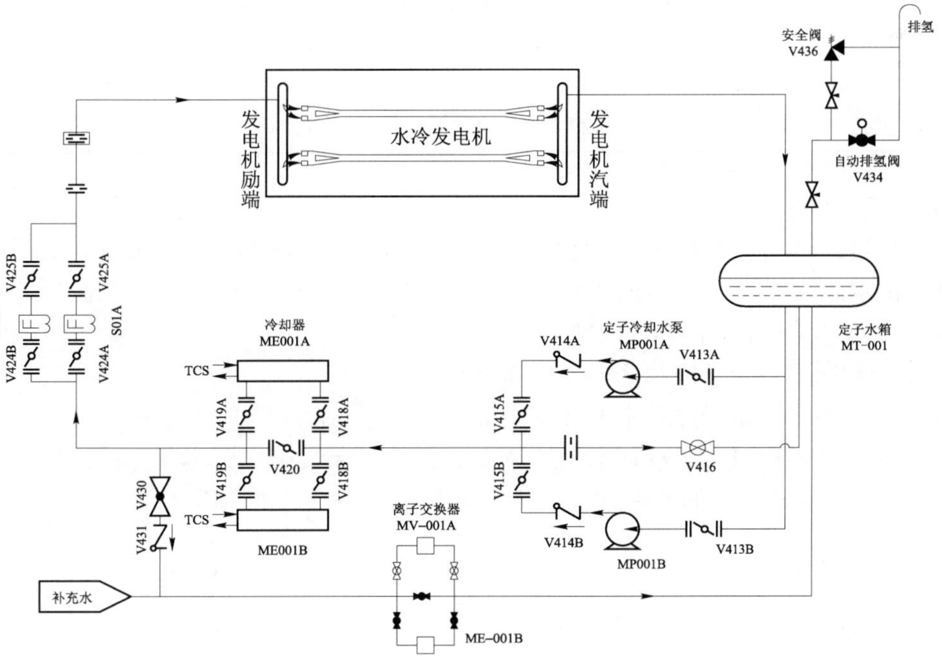

图 4-7-1　CGS系统流程简图

发电机有两个汇流总管位于定子线圈两端，所有的定子线圈都通过绝缘软管连接到这两个汇流总管。定子冷却水泵从定子水箱取水，之后由冷却器冷却，然后流经过滤器进入发电机本体滑环侧汇流总管，流经定子的空心导线后从发电机汽轮机侧汇流管流出，最后返回水箱完成一个循环。

从冷却器出来的定子冷却水有一小部分经过一个离子交换器，用于降低定子冷却水的电导率，之后返回到水箱。

4.7.3 主要设备

(1) 定子冷却水泵

定子水泵为交流电动泵，由 75 kW 三相异步电机拖动。两台泵并联布置，正常运行时两台泵一用一备，运行的定子冷却水泵出口压头降低到 0.3 MPa(g)时备用泵将自动启动维持水压在正常值。

(2) 定子水箱

水箱容量为 3.8 m^3，用于储存定子冷却水，为定子冷却水泵供水。在发电机正常运行时为减小定子线圈空心导线腐蚀，将定子水箱采用氢气加压。该水箱也称为氢气释放罐，由于发电机内氢气压力一般要比绕组内的水压高，所以当发电机定子冷却水回路有渗漏故障时氢气就有可能进入定子冷却水中，当定子冷却水在水箱中卸压后，这些氢气释放出来。为防止氢气空气混合物局部积聚，设置了排氢管线，将混合气体排到厂房外面。水箱装有水位计和水位开关，在水位比正常水位高出 200 mm 或低 100 mm 时将分别触发"水位高"和"水位低"报警。水箱设有安全阀，在压力达到 80 kPa(g)时动作。

(3) 冷却器

两个并联布置的冷却器为板式热交换器，用于冷却定子冷却水，从而将定子线圈产生的热量带走。正常运行时一用一备。

(4) 过滤器

两个过滤器并联布置在冷却器的下游，正常运行时一个运行一个备用，功能是防止固体杂质将定子线圈的空心导线堵塞。

(5) 离子交换器

离子交换器有两个。因绝缘管容易发生接地故障，离子交换器用来维持较低的电导率。在发电机正常运行时，通过 CGS 供水单元的混床降低电导率，维持电导率低于 5 μS/cm。以下报警用于监测离子交换器的功能：

1) 定子线圈入口定子冷却水电导率高：5 μS/cm；

2) 定子线圈入口定子冷却水电导率高 2：9.5 μS/cm；

3) 离子交换器出口定子冷却水电导率高：0.5 μS/cm。

对定子冷却水补充水的要求：电导率＜5 μS/cm，压力＜0.9 MPa(g)。

4.7.4 系统运行

4.7.4.1 正常运行

(1) 发电机启动

在发电机内氢气加压到 0.3 MPa(g)之后 CGS 系统可以投运，这样即使存在漏点定子冷却水也不会漏到发电机机座内。

启动一台定子水泵对系统进行充水排气，充水排气结束后供应氢气到定子水箱，将部分定子冷却水从定子水箱排出，直到水位达到可视液位范围，之后将水箱加压到 30 kPa(g)。通过运行定子水泵调整水箱的水位到液位计的中间。为尽量减小水中溶解氧含量，在最初充氢阶段要重复进行充排氢。

一少部分定子水从冷却器出口流经离子交换器降低水的电导率。流量由孔板粗调、手动阀进行细调，正常运行时设定在 200 L/min。

CGS 系统保持连续运行，直到供向定子线圈中的定子水电导率低于 5 μS/cm，此时该系统启动完毕。

(2) 发电机正常运行

定子冷却水由 TCS 通过冷却器进行冷却，将冷却器出口定子冷却水温度控制在 50 ℃。如定子冷却水供水温度升高到 55 ℃将会触发“发电机入口水温高”报警。发电机定子线圈出口水温随定子线圈的电流而变化，如超过 90 ℃会触发“发电机出口水温高”报警。

过滤器前后安装有压差计，如处于运行状态的过滤器压差达到报警定值 0.08 MPa 则需切换到备用列，并更换堵塞的过滤器滤芯。

发电机两端的汇流总管之间设有压差传感器，当两端压差值与正常值相差超出 0.05 MPa 时将发出报警。

定子水箱氢气压力由压力开关和自动排氢阀控制在 30～50 kPa(g)之间。压力上升到 50 kPa(g)时排氢阀自动打开，下降到 30 kPa(g)时自动关闭。如果发电机机座内 CGS 系统发生泄漏，那么排氢阀将频繁打开进行排氢，所以可通过排氢阀的打开次数探测发电机机座内 CGS 系统的泄漏情况。

(3) 发电机停机

只要发电机内氢气压力保持在 0.3 MPa(g)以上，CGS 系统就可以连续运行，相反则应将 CGS 停运。只要发电机内定子冷却水没有结冰风险，定子冷却水就可保持在发电机内。为了防止氧气进入，应对定子水箱保持氢气加压。为保持电导率在要求的规定范围内，应间断运行一台定子冷却水泵。如对发电机进行排氢，也应对定子水箱进行排氢。

4.7.4.2 瞬态及事故工况

定子冷却水流量低

在发电机定子线圈两端的压差比正常压差值低 0.095 MPa 时，为保护发电机不过热，压差开关将触发发电机保护动作，发电机跳机。

4.7.4.3 注意事项

(1) 发电机内氢气压力高于 0.3 MPa(g)时 CGS 系统才能运行。

(2) 系统不能结冻。如有结冻可能，应将系统中的所有水排掉或对系统进行加热。

(3) 发电机出口定子冷却水最大允许温度为 90 ℃。

(4) 定子冷却水最大允许电导率为 9.5 μS/cm，pH 值在 6～8 之间。

4.7.5 技术参数

技术参数见表 4-7-1。

表 4-7-1 技术参数

项　目	参数值	项　目	参数值
定子冷却水泵		冷却水	
吸入压头	0.05 MPa(g)	入口定子冷却水温度	正常 72.5 ℃ 最高 90 ℃
出口压头	0.7 MPa(g)	出口定子冷却水温度	正常 50 ℃ 最高 55 ℃
流量	4 100 L/min	对冷却器 TCS 侧冷却水的要求	水温<35 ℃ 水压 0.4 MPa(g)

4.8 发电机氢气和 CO_2 系统(HCS)

4.8.1 系统功能

(1) 利用 CO_2 作为中间介质，对发电机进行安全充排 H_2，并为发电机补 H_2；

(2) 监测发电机内气体状态：在发电机正常运行时用 H_2 纯度仪和压力传感器远程监测 H_2 的状态，同时用发电机状态监测器(GCM)探测发电机是否异常过热，水探测器探测发电机机座内是否进水或进油；

(3) 干燥 H_2：用 H_2 干燥器去除 H_2 中所含水分，保持发电机绝缘干燥。

4.8.2 系统描述

该系统由气体供应单元、气体置换单元、气体压力和纯度监测单元、H_2 干燥器、发电机绝缘过热监测器、发电机进水、进油、H_2 泄漏监测以及管道、阀门及仪表组成，如图 4-8-1 所示。H_2 用作发电机转子及定子铁芯的冷却介质，为防止空气与 H_2 混合形成爆炸性气体，在对发电机机座充排 H_2 时用 CO_2 作为中间介质。

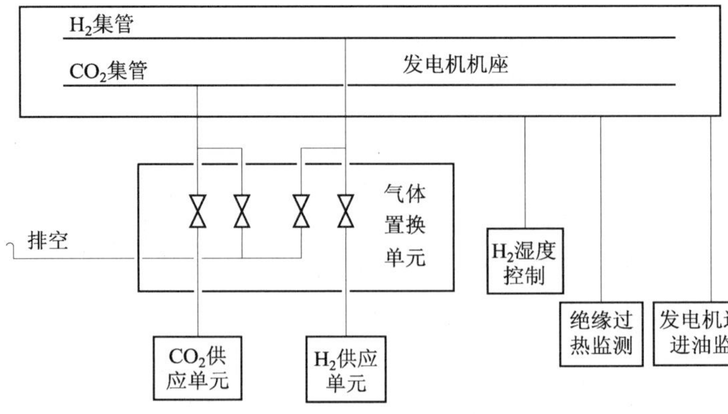

图 4-8-1 HCS 系统示意图

用于放置 H_2 和 CO_2 气瓶的车间位于汽轮机厂房外，其他设备位于汽轮机厂房内。H_2 经安装在 H_2 供应单元上的压力调节器供到发电机，为了防止对阀门误操作造成 H_2 和空气混合，在 H_2 供气管线上装有可拆卸接头。当用压空对 CO_2 进行吹扫时，需要拆卸掉此接头并用其连通压空吹扫管线，从而对 H_2 供应管线起到机械闭锁作用。CO_2 经安装在 CO_2 供气单元上的压力调节器供到发电机。当对发电机进行排 H_2 时，用 CO_2 对 H_2 进行置换，之后再用压空对 CO_2 进行吹扫；同样，当对发电机进行维修后要重新充 H_2，则先用 CO_2 置换空气再用 H_2 置换 CO_2，从而防止空气与 H_2 直接混合形成爆炸气体。

H_2 压力/纯度测量单元根据气体的密度差测量 H_2 和 CO_2 气体的压力和纯度。发电机配备有 GCM，在发电机可能过热时提前产生警告。H_2 干燥器连续运行去除 H_2 中所含水分。在发电机正常运行时，H_2 露点温度由 H_2 干燥器维持低于 5 ℃。

正常运行时维持发电机机座内的 H_2 压力在 0.53～0.585 MPa(g)之间。在发电机带部分负荷和启/停时允许较低 H_2 压力。

4.8.3　主要设备

(1) H_2 供应单元(JR-001)

H_2 供应单元在气体置换和正常运行期间向发电机中充 H_2，并自动维持 H_2 压力在规定值。H_2 供应单元由压力调节器、安全阀、减压阀、压力开关和一次/二次压力表组成。H_2 供气单元接受压力高达 15 MPa(g)的高压 H_2，将高压 H_2 减压到 0～0.7 MPa(g)后再供到发电机内。为防止压力调节器故障，与压力调节器并联布置有一个减压阀。在压力调节器出口布置有一个安全阀，防止压力调节器故障时压力过高而损坏设备。在压力调节器入口有压力开关，在供气压力低时将产生报警提醒运行人员。

(2) CO_2 供应单元(JR-002)

用于气体置换阶段，往发电机机座中填充 CO_2，由减压阀、安全阀和一次/二次压力指示计等组成。

(3) H_2 压力/纯度监测单元(JM-001)

该监测单元由管道柜和电气柜两部分组成。在管道柜中装有气体纯度测量单元、气体压力测量单元和相应的阀门等；在电气柜中装有气体纯度仪、报警单元、H_2 泄漏探测器和供电单元等。

本系统安装了 H_2 纯度表和置换表分别用来测量 H_2 和 CO_2 纯度。气体纯度测量的原理是利用共振器周围气体密度的变化引起共振器振荡频率的变化而得到。由于 H_2 密度低于空气，而二氧化碳密度大于空气，故需在发电机机座顶部测量 CO_2 纯度，在底部测量 H_2 纯度。

在发电机风扇的低压区连接有压力传感器和压力表。压力传感器的输出信号送到电厂数据记录器进行 H_2 压力过程监测，同时用于 H_2 压力高/低报警设定。当 H_2 压力达到 0.585 MPa(g)时触发高报，H_2 压力低到 0.53 MPa(g)时触发低报。

(4) H_2 干燥器(MB-001)

H_2 干燥器是全自动能够循环连续运行的双塔干燥器，通过发电机的风扇驱动使 H_2 通过一个干燥塔去除 H_2 中的水分和湿汽，从而保持发电机绕组的干燥。另外一个塔实现自动再生和除湿功能。干燥塔由微机控制全自动运行，由定时器或运行的干燥塔出口露点温度大于－5 ℃后切换到备用干燥塔。

(5) 发电机状态监测器(GCM)(JL-002)

GCM通过发电机H_2管线连接到发电机风扇的高压和低压两侧,在发电机运行时使H_2通过GCM,从而探测发电机是否处于过热状态。发电机内使用的有机材料(环氧涂层、铁芯迭片等)在温度异常升高时会产生大量微粒,GCM能够探测到产生的这些微粒并触发报警。

(6) 发电机进水、进油、H_2泄漏监测(JE-LS001,LS002,AE001-003)

在发电机本体汽轮机侧和滑环侧底部设置有液体检漏装置,用于收集并排除发电机机座内的液体并且在达到850 cm^3时给出报警信号,从而抑制发电机进水、进油的后果。可能引起液体进入发电机的情况有湿汽凝结、H_2冷却器泄漏和H_2密封油泄漏。系统也设置H_2泄漏监测装置,在检测到H_2泄漏超过设定值时将产生报警。

4.8.4 系统运行

4.8.4.1 正常运行

(1) 气体置换

H_2在空气中浓度的爆炸极限范围为4%~75%。为防止H_2与空气混合发生爆炸,在进行气体置换时用CO_2作为中间介质。在向发电机内充H_2前先用CO_2吹扫空气。发电机内有两个气体分配总管,分别位于发电机的顶部和底部。由于CO_2比空气重,所以CO_2进入底部总管,空气从顶部总管排出。当CO_2纯度高于90%后改为充H_2排CO_2。因H_2比CO_2轻,所以H_2进入发电机的顶部总管而CO_2从底部总管排出。当H_2纯度高于95%以后停止排CO_2,接着将H_2加压到额定压力。通常气体置换应在发电机静止或盘车时完成。

当对发电机进行排H_2时用CO_2作为中间介质将H_2排掉,再用压空吹扫CO_2。表4-8-1显示气体置换需要的体积和时间。

表4-8-1 气体置换所需体积和时间

气体类别	置换运行	需要气体体积(正常压力下)	需要时间/min
CO_2	CO_2置换空气(使CO_2纯度达到75%)	1.0 V	90
H_2	H_2置换CO_2(使H_2纯度达到95%)	2.0 V	240
H_2	H_2压力增加到额定压力0.55 MPa(g)	5.5 V	360
CO_2	CO_2置换H_2(使CO_2纯度达到96%)	1.5 V	120

注:V为发电机机座体积,220 m^3。

(2) 发电机正常运行

在发电机正常运行时会有少量H_2泄漏,从而导致发电机内H_2压力下降,为保持H_2压力在0.53~0.585 MPa(g)之间,应对发电机进行补H_2操作。补H_2可以间断进行,也可以连续进行。连续补H_2通过设定H_2压力调节器在额定压力0.55 MPa(g)来实现。在发电机内氢压降低到0.53 MPa(g)时将触发H_2压力低报警,这时可手动对发电机进行间断补氢到额定压力。有一少部分H_2通过干燥塔进行除湿,维持发电机内H_2露点在+5 ℃以下,一少部分H_2通过纯度表用于远程监测H_2纯度,一少部分H_2也流过GCM用于探测发电机部件异常过热。H_2通过H_2冷却器进行冷却,热量通过TCS系统排向海水。

(3) 发电机停机

只要 HSS 系统能连续运行，H_2就可以保留在发电机机座内。在这种情况下，由于 H_2温度降低可能会触发 H_2压力低报警。

4.8.4.2 异常运行

H_2纯度表故障时，可由发电机风扇两侧的压差指示来估计 H_2纯度。由于发电机几乎总是恒速运转，发电机风扇两侧的压差与气体的密度成正比。

4.8.4.3 注意事项

(1) 在 H_2系统区域严禁烟火；

(2) 在排 H_2或排空气时一定使用中间介质 CO_2；

(3) 发电机在充满 H_2状态下应准备足够量的 CO_2以防事故发生；

(4) 在发电机处于空气状态时应拆掉装在供 H_2管线上的可拆卸接头；

(5) 正常运行时发电机内 H_2压应维持在 0.53～0.585 MPa(g)之间；

(6) 正常运行时必须保持发电机内 H_2纯度≥90%，露点温度≤+5 ℃。

4.8.5 仪表和控制

4.8.5.1 H_2纯度控制

发电机中 H_2纯度下降将导致 H_2爆炸风险增加、H_2冷却能力下降，并且使混合气体密度增加，通风损耗增加，从而使发电机效率下降，因此要对 H_2纯度进行监测和控制。所有运行工况下机座内的 H_2纯度都应大于 90%。纯度控制的方法有投运 HSS 系统的密封油真空处理单元和充排 H_2，正常运行时要求 H_2纯度保持在 98%以上。

4.8.5.2 H_2 湿度控制

发电机内 H_2湿度过高有以下危害：

(1) 造成发电机定子绕组相间短路事故。湿度过高的环境下，发电机定子绕组的绝缘性能下降，易于发生表面爬电、闪络，导致拉弧放电，造成短路事故。

(2) 发电机转子护环应力腐蚀。

但发电机湿度也不能过低，湿度过低有可能使绝缘材料因过于干燥而开裂。

H_2的湿度控制是通过控制露点温度实现的。只要 H_2干燥器处于自动运行模式下发电机内 H_2的露点温度就会控制在+5 ℃以下。

复习思考题

1. 设置低压缸排汽口喷淋的目的是什么？
2. 在汽轮机高负荷和低负荷时，高压缸轴封的密封方式有何差别？
3. 简述凝汽器抽真空系统(CMS)的功能。
4. AST 和 OPC 动作的阀门对象分别为哪些？
5. 在正常运行时，定子冷却水箱内的压力范围是多少？如何维持该压力？

第五章 常规岛辅助系统

5.1 循环水系统(CWS)

5.1.1 系统概述

循环冷却水采用一次循环冷却的供水方式,循环水取自三门湾海水,经过凝汽器后排入三门湾。循环水系统采用单元制直流供水系统。每台机组配置1个双机组共用的取水口、1根混凝土自流引水管、2台50%容量的循环水泵、2根钢制压力供水管、2根钢制排水管、1座双机组共用的排水虹吸井、1根双孔混凝土排水沟、1个排水口。

5.1.2 系统功能

(1) 循环水系统(CWS)是一个一次循环的冷却水系统,它将汽轮机凝汽器和汽轮机辅机的热量传输至海水。

(2) 循环水系统为开式循环冷却水系统(OWS)提供冷却海水,用来冷却汽轮机房闭式冷却水系统(TCS)的热交换器。

(3) 厂用水系统(SWS)从循环水泵房内的旋转滤网下游取水。

(4) 海水淡化系统(WDS)分别从循环水泵房内的旋转滤网下游或虹吸井吸取海水。

5.1.3 系统描述

海水用于常规岛汽轮机凝汽器的冷却和汽轮发电机辅机的冷却、核岛厂用水系统的冷却,同时为海水淡化车间提供海水原水。循环水泵从循环水泵房内的吸水池取水,吸水池则通过混凝土涵洞连接到三门湾,在海水进入吸水池前的路径上还安装了闸板、固定式拦污栅及旋转滤网。循环水泵出口通过压力供水钢管与凝汽器相连。经凝汽器加热的循环水通过钢管流入虹吸井,再通过混凝土涵洞排向三门湾。海水的流程简图见图5-1-1。

循环水系统包含2台50%容量的循环水泵,循环水经过2根循环水管道进入汽轮机厂房,然后每根压力供水管道分成3条支线(共6条支线),每条支线都与一台凝汽器的一侧水室对应相连。循环水经过凝汽器后又汇流到2根独立的管线内,流入虹吸井。凝汽器水室的入口处安装了二次滤网,以防止碎屑及海生物进入凝汽器。CWS的系统流程简图见图5-1-2。

此外,在循环水管道内还布置了一套再循环式、凝汽器钛管的海绵球清洗系统,减少钛管结垢,提高传热效率,以获得尽可能高的真空度。

CWS在两台泵的出口管线分别引出一条支线,为开式循环冷却水系统(OWS)供应冷却海水。开式冷却水系统为汽轮机房闭式冷却水系统(TCS)的3台50%容量的板式热交换器提供冷却,冷却后的海水排入虹吸井。

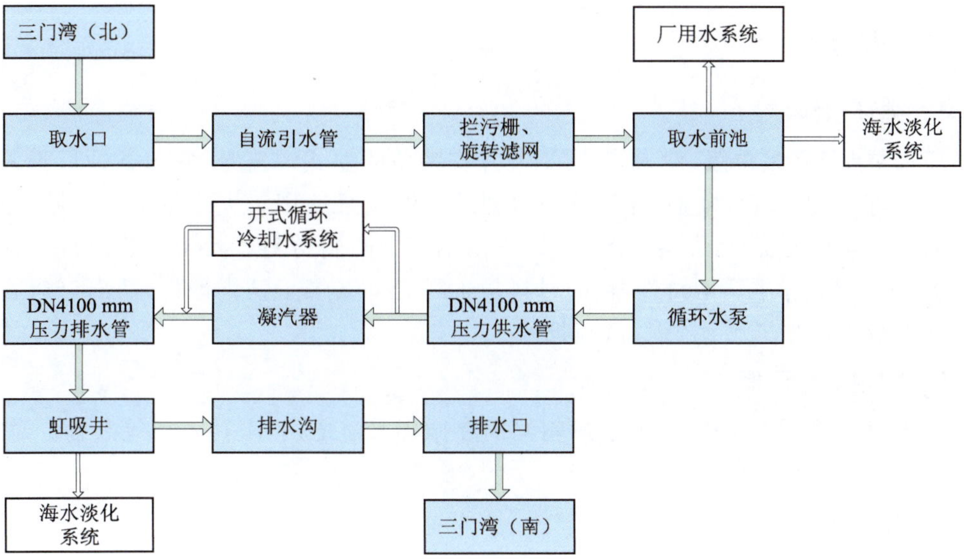

图 5-1-1　海水的流程简图

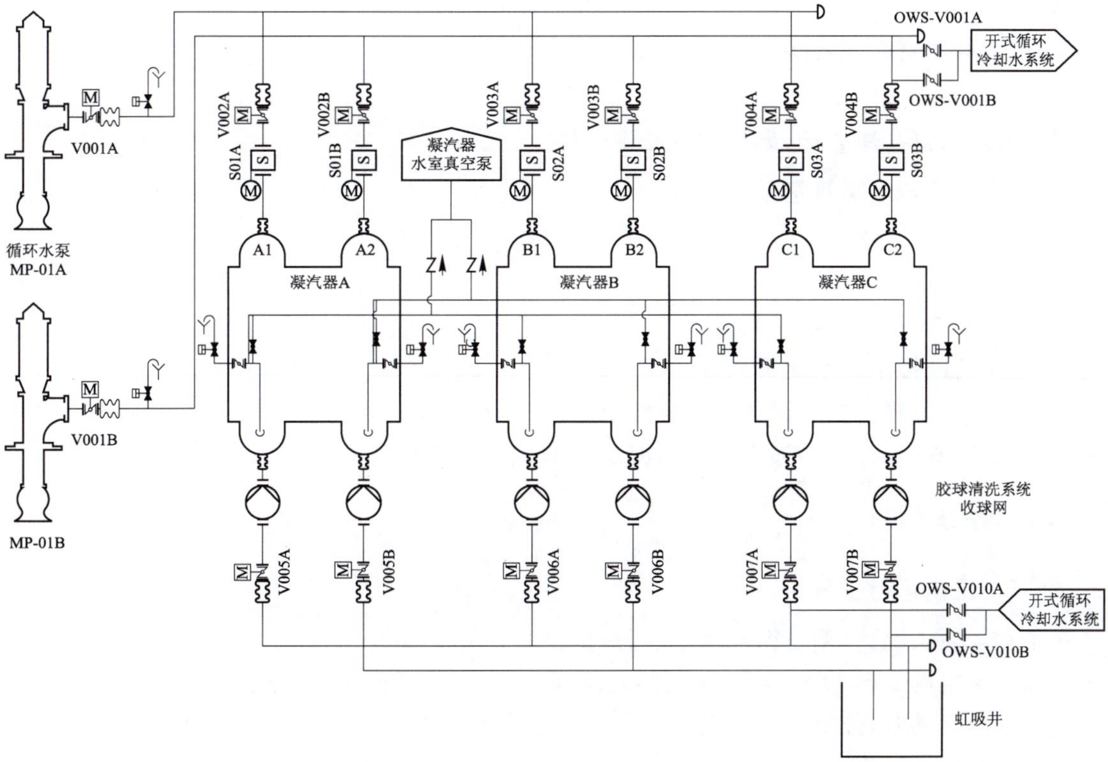

图 5-1-2　CWS 的系统流程简图

5.1.4 主要设备

5.1.4.1 循环水泵

循环水泵CWP是单级、浸入式、可调叶片安装角的立式混流泵，它包括钟形吸入口，碗状出口弯管，筒形出口管，泵轴，叶片及径向轴承。混流泵适用于大容量工况。循环水泵主体部分采用防腐性能优越的18%铬-8%镍不锈钢作为防腐材料。其中碗状出口管、叶片的材料是18%铬-8%镍不锈钢铸件，轴的材料是18%铬-8%镍不锈钢锻件，而出口弯管、柱状接管及钟形吸入口则采用2%镍铸铁制造。

5.1.4.2 固定式拦污栅

拦污栅由钢栅及钢支撑架构成，倾斜锚固在循环水流道内，阻挡木屑等杂物。总计有8个固定拦污栅，每台机组4个。

5.1.4.3 旋转滤网

旋转滤网安装在循环水泵前，防止碎片进入循环水泵入口。每台循环水泵前有2台，两台机组总计8台。旋转滤网采用侧向进水旋转滤网，滤网状铲斗带着海草、小鱼及水母等不断旋转至喷射管下，由喷水将这些杂物冲刷至废物罐内。

5.1.4.4 凝汽器二次滤网

凝汽器二次滤网用于防止钛管堵塞，包括滤网壳体，滤网，反冲洗转子，反冲洗排水管道，转子传动机构，压差计，齿轮电机及阀门等。

5.1.4.5 凝汽器水室真空泵

凝汽器水室真空泵是电动、液环式真空泵，用于抽出凝汽器海水侧水室内的空气。生产水作为真空泵的密封水，被持续供应到真空泵内。密封水在真空泵内形成水环，利用水环的离心力实现了对空气的吸入和排出过程。夹带着空气的密封水被排到密封水箱内，随后被气、水分离后疏排至废水收集系统。

凝汽器水室真空泵在循环水管道充水阶段运行，机组正常运行时停运。在循环水系统启动时，水室真空泵投运，抽出凝汽器海水侧的水室内空气，帮助建立虹吸。

5.1.5 系统运行

5.1.5.1 正常运行工况

正常运行工况下，两台循环水泵运行，提供大约279 600 m^3/h的冷却水流量。此时，开式冷却水系统的2台OWS泵和闭式冷却水系统的2台热交换器处于正常运行状态。

在电厂启动时，依靠循环水泵给循环水管道充水。此时凝汽器的出口阀门关闭以获得更高的水泵压头。当水室内气腔消失后，开启凝汽器出口阀门，并投运凝汽器水室真空泵，建立虹吸。循环水泵的正常启泵流程见图5-1-3。

5.1.5.2 异常运行工况

当汽轮机停机，并且通向凝汽器的汽轮机旁路排放系统也退出运行时，凝汽器不再需要循环水，此时循环水泵可以停运。在循环水泵停运过程中，需要关闭其出口阀以防止循环水

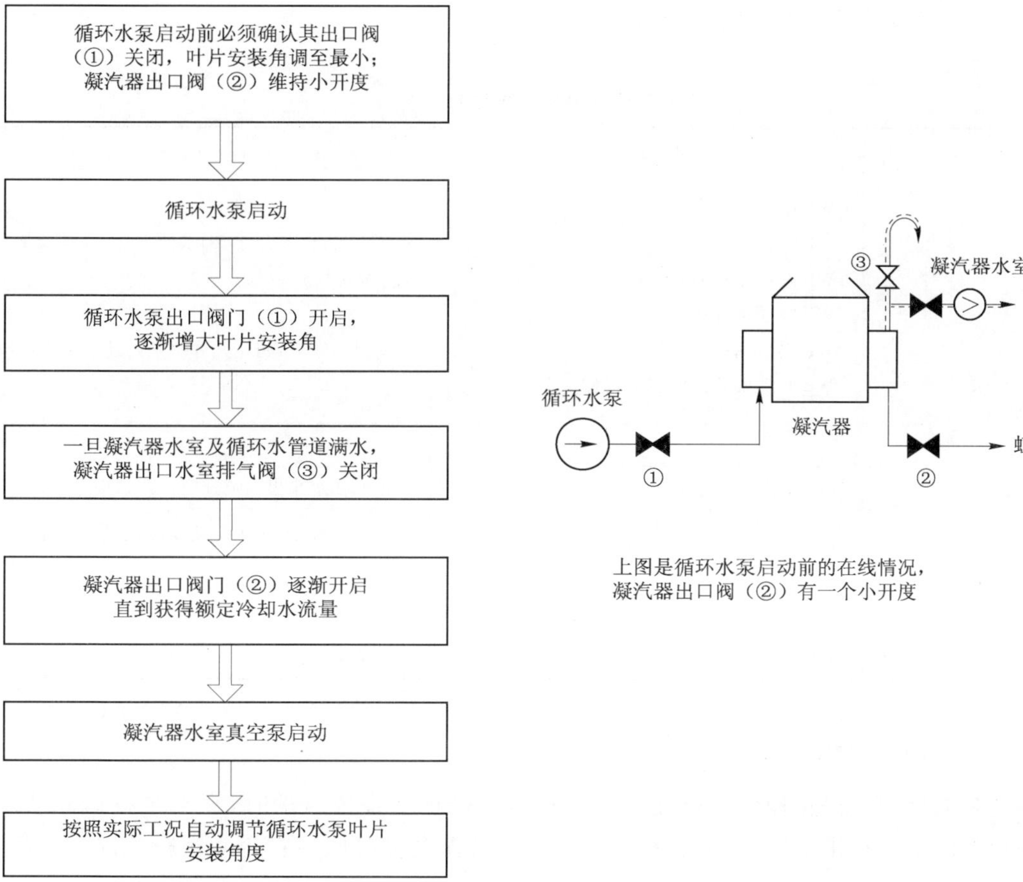

图 5-1-3　循环水泵正常启动流程图

倒流。

5.1.5.3　运行瞬态和事故工况

丧失厂外电源时，循环水泵自动跳闸。由于循环水管道长度很长，储存水量很大，其内会产生很强的水锤，并对凝汽器管板及水室造成损伤。因而在循环水管道上安装了虹吸破坏阀，一旦循环水泵跳闸，对应管道上的虹吸破坏阀就会开启。

如果一台循环水泵停运或跳闸，在设计海水温度的情况下，机组出力应下降到96%额定功率。

5.1.5.4　注意事项和限制条件

任何时刻，循环水的流量必须大于额定总流量的50%，从而维持循环水的虹吸作用。

任何时刻，循环水的流量必须大于额定总流量的75%，确保凝汽器钛管内海生物被冲刷掉，从而保持凝汽器的清洁状态。

5.1.6　仪表和控制

5.1.6.1　循环水泵

每台循环水泵都可以手动启动或停止。一旦运行参数达到保护阈值，循环水泵就会跳闸。表 5-1-1 列出了循环水泵的联锁条件。

表 5-1-1　CWS 水泵联锁条件

状　态	满足条件	目　的
允许启动	CWP 密封水流量正常 CWP 电机冷却水流量正常 CWP 电机顶轴油压力正常 CWP 叶片角度调节油压正常 CWP 出口阀完全关闭 CWP 叶片安装角度调节机构完全关闭	确认密封水、冷却水、轴承润滑油、叶片调节油正常 减少启动转矩，防止叶片突然加速引起水锤
自动启动	—	—
允许停止	循环水泵出口阀全关	防止循环水泵出口流速突然降低引起水锤
自动停运	母线电压低	防止过电流，或防止突然恢复供电时泵意外启动
水泵跳闸	CWP 出口阀完全关闭，并且 CWP 运行	防止气蚀
紧急跳闸	手动紧急跳闸操作	异常情况下的紧急停止操作

5.1.6.2　凝汽器水室真空泵

真空泵的启动及停止操作可以在主控室进行。循环水系统启动时，真空泵投运并从凝汽器海水侧的水室抽出空气，从而在循环水管道上逐渐建立虹吸。在正常运行工况下，真空泵停运。

5.1.7　技术参数

技术参数见表 5-1-2。

表 5-1-2　循环水系统参数

项　目	参 数 值
系统参数	
循环水温度	20 ℃
循环水流量	279 600 m^3/h
凝汽器入口设计压力	0.5 MPa(g)
凝汽器入口设计温度	35 ℃
凝汽器出口设计压力	0.5 MPa(g)
凝汽器出口设计温度	40 ℃
虹吸井排水设计压力	0.22 MPa(g)

续表

项 目	参数值
循环水泵	
数量	2
型式	可调叶片安装角的立式混流泵
流量	139 800 m^3/h
出口压头	16.2 m
转速	163.3 r/min
电机功率	7 700 kW
凝汽器水室真空泵	
数量	1
型式	水密封旋转式泵
流量	水室真空泵流量 6.1 m^3/min(445 mmHg[1)] Vac,海水温度 15 ℃)
电机功率	15 kW
电机转速(同步)	1 000 r/min

1) 1 mmHg=133.322 4 Pa。

5.2 开式循环冷却水系统(OWS)

5.2.1 系统功能

开式循环冷却水系统(OWS)向汽轮机房闭式冷却水系统(TCS)提供冷却水,通过板式水-水热交换器带走汽轮机房闭式冷却水系统排出的热量,并将热量通过循环水系统(CWS)的排水沟排到海水中。开式循环冷却水系统中的冷却水是海水。

5.2.2 系统描述

开式循环冷却水系统是循环水系统的一个分支。冷却水由两根循环水供水管提供,经过 3 台开式冷却水泵,2 台自动清洗滤水器,进入 3 台板式水-水热交换器,然后排放进循环水排水管道,如图 5-2-1 所示。

开式冷却水泵为 3 台 50%容量的卧式电动离心泵,正常工况时 2 台运行,1 台备用。开式冷却水泵出口侧设置了 2 台 100%容量的自动清洗滤水器,正常工况时 1 台运行,1 台备用。经过滤水器后设置了 3 台 50%容量的板式水-水热交换器,正常工况时 2 台运行,1 台备用。

5.2.3 主要设备

5.2.3.1 开式冷却水泵

开式冷却水泵为水平中分、双吸、单级蜗壳泵。开式冷却水泵主体部分采用防腐材料 18%铬-8%镍不锈钢,其叶轮的材料是 18%铬-8%镍不锈钢,轴的材料是 13%铬不锈钢锻

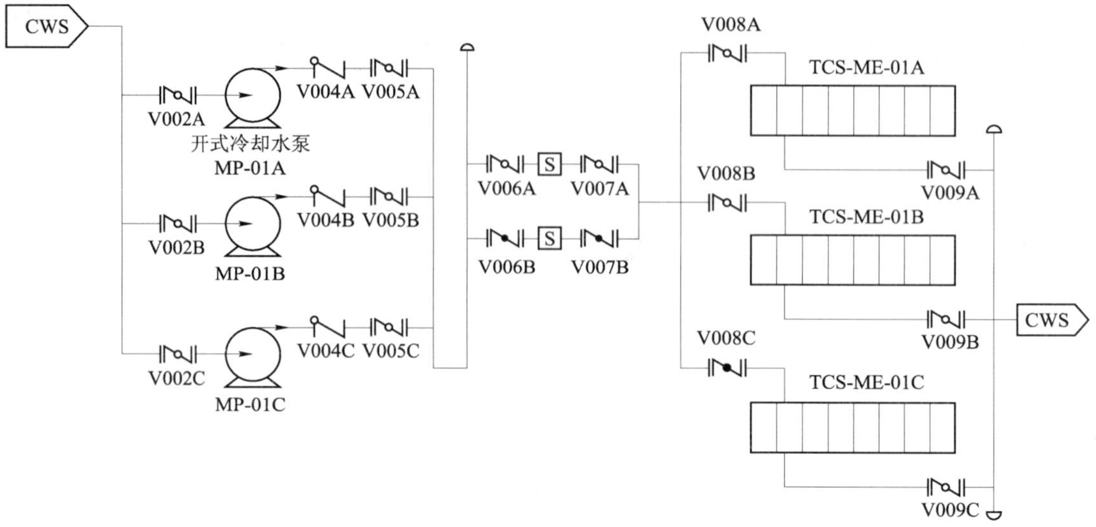

图 5-2-1 OWS 系统流程简图

件,外部镀层为 8%铬-18%镍不锈钢,而泵壳则采用镍铬合金制造。

5.2.3.2 自动清洗滤水器

自动清洗滤水器为立式结构,采用分隔旋转滤网,下筒体与滤网表面形成导流区域,能反冲洗排污。

5.2.4 系统运行

5.2.4.1 正常运行工况

开式冷却水系统一般为就地控制。正常运行期间,开式冷却水系统的额定流量为 3 600 m^3/h,其中包括自清洗过滤器的冲洗水 400 m^3/h。

冷却水由 3 台开式冷却水泵提供,通过两台自动清洗滤水器,汇集到冷却水出口母管,然后再分别进入 3 台板式水-水热交换器。正常运行时,3 台开式冷却水泵中的 2 台运行,1 台备用;两台自动清洗滤水器中的 1 台运行,1 台备用;3 台水-水热交换器中的 2 台运行,1 台备用。当运行中的 1 台开式冷却水泵失效,备用泵自动启动。

自动清洗滤水器由控制装置实现自动清洗功能,清洗周期的持续时间可调。3 台水-水热交换器根据运行情况,进行切换操作。

电厂启动工况时,循环水泵为开式冷却水系统充水。

5.2.4.2 运行瞬态和事故工况

丧失厂外电源工况下,循环水泵跳闸,开式冷却水泵跳闸。

5.2.5 仪表和控制

每台开式冷却水泵的进出口都设有压力表,开式冷却水泵出口母管上装有温度检测元件,压力表。自动清洗滤水器还设有差压计,用于报警。水-水热交换器出口均装有温度检测元件和压力表,用于显示水-水热交换器的工作状况。

每台开式冷却水泵都可以手动启动或停止。当运行泵跳闸时,备用泵会自动启动。一旦运行参数达到保护阈值,开式冷却水泵就会跳闸。表 5-2-1 列出了开式冷却水泵的联锁条件。

表 5-2-1　OWS 泵联锁条件

状　态	满足条件	目　的
允许启动	任意一台 CWP 正在运行 CWP 出口阀完全打开	确认循环水供给正常
自动启动	运行列跳闸	备用泵做备用
允许停止	—	—
自动停运	循环水泵停运 循环水泵出口阀门未全开	防止气蚀
水泵跳闸	—	—

5.2.6　技术参数

开式循环水系统的特性参数如表 5-2-2 所示。

表 5-2-2　技术参数

主要项目	参 数 值
系统参数	
数量	3 列
设计流量	3 600 m^3/h
OWS 泵出口设计压力	0.86 MPa(g)
OWS 泵出口设计温度	35 ℃
TCS 热交换器海水侧出口设计温度	40 ℃
开式循环水泵	
数量	3
型号	MLH500×450QS 卧式分离、单螺旋、双吸离心泵
设计扬程	23 m
设计流量	1 800 m^3/h
净正吸入压头	5 m
转速	1 000 r/min
电动机功率	160 kW
自清洗过滤器	
型号	电动自清洗式
数量	2 台
冲洗流量	400 m^3/h

5.3 汽轮机房闭式冷却水系统(TCS)

5.3.1 系统功能

汽轮机房闭式冷却水系统(TCS)向汽轮机厂房内非安全相关的热交换器提供经过化学处理的除盐水,以冷却汽轮机厂房内非安全相关的热交换器,并将导出的热量传输至开式循环冷却水系统(OWS)。

5.3.2 系统描述

TCS包括3台50%容量的泵,3台50%容量的热交换器,1个波动箱,以及相关的管道、阀门、控制器、仪表等。TCS导出的热量通过平板式热交换器传输至OWS系统。TCS的用户主要有水泵及电机:包括给水泵,循环水泵,凝结水泵,循环水泵电机等;冷油器:包括LOS系统的冷油器,LHS系统的冷油器,HSS系统的冷油器等,以及发电机氢气冷却器,发电机定子冷却水冷却器等。

闭式冷却水泵从回水母管取水,冷却水经3台热交换器后汇集到一条供水母管上。供水母管通过各支线给汽轮机厂房及循环水泵房内的各冷却器分配冷却水。按照被冷却系统的需求,通往每个用户冷却器的冷却水流量由流量限制孔板或者调节阀控制。系统流程如图5-3-1所示。

每个冷却器都可以被单独隔离维修,不会影响其他系统用户的冷却水供应。TCS热交换器的出口及旁路管线上分别安装了调节阀,既可以保证冷却水流量,也可以确保各个冷却器用户的冷却水温度符合设计要求。

波动箱连接在闭式冷却水泵上游的回水母管上,处于系统的最高点。这样设计可以保证系统中充满除盐水。波动箱不但用于吸收因系统冷却水温度变化引起的热胀冷缩,还能够补偿系统的水装量变化。波动箱与大气相通,它的初始充水或为补偿泄漏而所需的补水都由除盐水储存和分配系统(DWS)提供。

闭式冷却水系统需要加入化学药剂,用来抑制管道及设备的腐蚀。因此,需要对冷却水间断地进行取样和分析以确保水质满足要求。

5.3.3 主要设备

(1) TCS波动箱

波动箱吸收由于水温变化导致的冷却水容积的变化,也能短时地补偿由于系统的内、外泄漏引起的波动(漏入或漏出系统)。波动箱采用碳钢制造。

(2) 闭式冷却水泵

TCS系统有3台卧式、单级离心泵,泵由交流感应电动机驱动,采用碳钢制造。任意两台泵就能提供100%容量。泵的进出口接管采用法兰连接。

其中两台闭式冷却水泵由常规岛中压母线供电,第3台泵由核岛中压母线供电,柴油机作为备用电源。

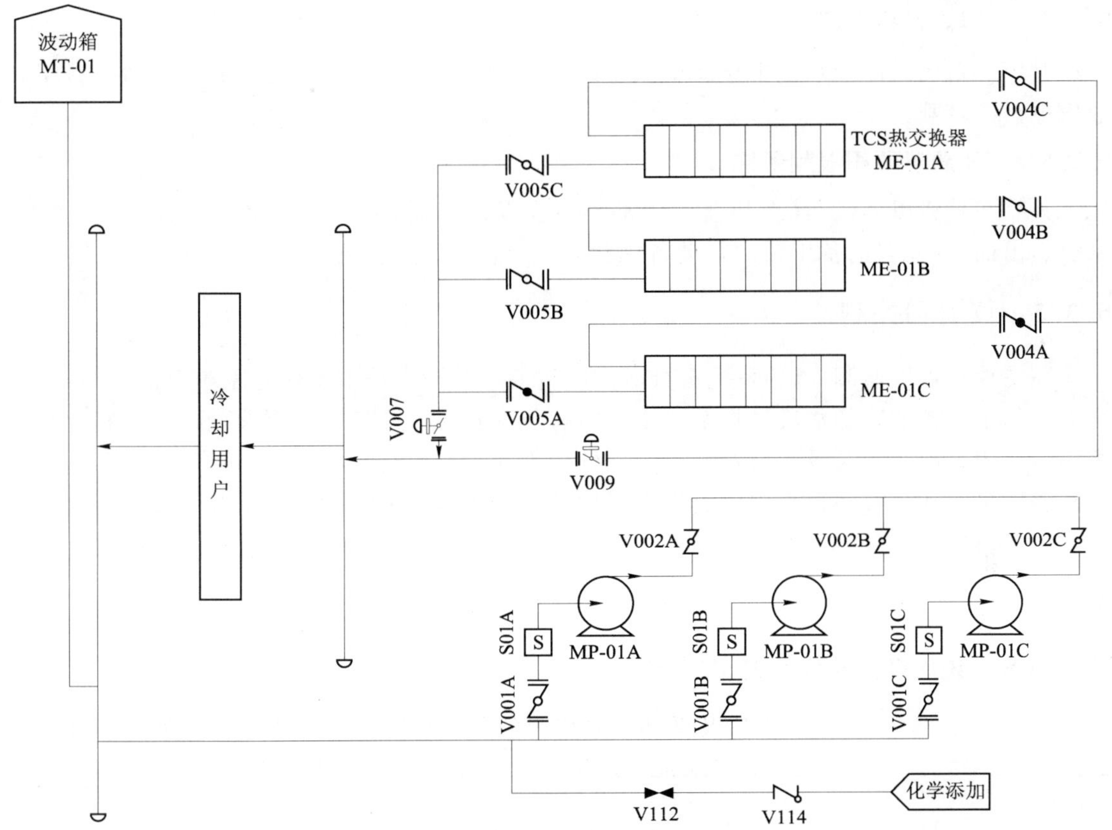

图 5-3-1　TCS系统流程简图

（3）TCS热交换器

TCS系统并联布置有3台热交换器，正常运行工况下2台热交换器运行。TCS热交换器是平板式结构，传热板的一侧是闭式冷却水，另一侧则是开式循环冷却水。热交换器由钛传热板及碳钢外壳组成。

正常运行工况下，热交换器内的闭式冷却水侧压力大于循环水侧压力。因此即使发生泄漏，循环水也不会进入到TCS系统。

5.3.4　系统运行

5.3.4.1　正常运行工况

正常运行工况下，两台泵及两台热交换器运行，另一台泵处于备用状态。当闭式冷却水泵出口母管压力低时，备用泵会自动启动。系统小的泄漏由除盐水储存和分配系统经自动补水阀补偿。补水会在波动箱液位低时自动开始，也可以手动控制。

在电厂启动、正常功率运行以及电厂停运期间，TCS都处于自动控制模式，不需要操纵员手动干预。但操纵员必须监视系统运行，并在系统参数异常时及时采取措施。正常运行时，闭式冷却水温度维持在35 ℃，最高38 ℃。

5.3.4.2 异常运行工况

其中一台闭式冷却水泵由核岛中压母线供电，并在丧失厂外交流电源时自动由备用柴油发电机组带载。

5.3.4.3 注意事项和限制条件

只有在停机以后，所有冷却器用户都不再需要冷却时，TCS 系统才能退出运行。TCS 系统退出前，要先取消备用泵的自动备用状态，然后才能停运运行泵。

5.3.5 仪表和控制

在主控室可以监测 TCS 系统运行所需的重要参数。主控室不仅有系统总流量指示，还有去往每个设备的冷却水流量指示。主控室有热交换器上下游的温度指示，还有温度高报警信号。闭式冷却水泵吸入口及出口母管的压力在主控室有指示。出口母管压力低信号会导致备用泵启动。波动箱水位仪表提供了主控室内的水位指示及低、高水位报警。水位低时，补水阀自动开启，由 DWS 补水。

5.3.6 技术参数

TCS 系统的设计参数如表 5-3-1 所示。

表 5-3-1 TCS 系统参数

主要项目	参数值	主要项目	参数值
闭式冷却水泵		TCS 热交换器	
数量	3 台	类型	板式
容量	1 950 m^3/h	数量	3 台
扬程	60 m	冷却水流量	1 950 m^3/h
电机功率	420 kW	冷却水出口温度	35 ℃
		海水流量	1 600 m^3/h
		海水入口温度	33 ℃

5.4 常规岛化学加药系统(CFS)

5.4.1 系统功能

常规岛化学加药系统(CFS)根据要求向汽轮机热力系统的凝结水和给水中注入适当的化学药品，控制汽水系统的化学性质，防止蒸汽发生器、汽轮机等热力设备和管道的腐蚀，减少杂物沉积，确保电厂稳定运行。另外，本系统还实现对热力设备的湿保养。

5.4.2 系统描述

碳钢要求高 pH，而含有铜合金的系统则禁止太高的 pH。由于凝汽器冷却管采用钛合金，所以，适当提高水的 pH 可以减少腐蚀和减少回路中 Fe_3O_4/Fe_2O_3 的产生。

氨水是挥发性碱，它既可得到碱性 pH，减少二回路的腐蚀，又可避免在蒸汽发生器中发生浓缩。

联氨是一种还原剂，它一方面使 Fe 和 Cu 处在非氧化态（Fe_3O_4，CuO），另一方面作为物理除气的补充（凝汽器的真空除氧和除氧器的热力除氧），除去回路中少量残余氧气，其化学反应式为：

$$H_2H_4 + O_2 \rightarrow N_2 + 2H_2O$$

二回路水处理采用全挥发处理，即向凝结水和给水中加入挥发性碱性物质：氨水和联氨，控制 pH 和清除水中的溶解氧。联氨的加入点为启动给水泵进口管、除氧器水箱、净凝结水泵出口母管与主凝结水泵出口母管汇合点的下游、凝汽器应急补水管、热水加热系统（VYS）。氨水的加药点在凝结水系统（CDS）和常规岛闭式冷却水系统（TCS）。其中，当凝结水精处理装置未投运时，氨水加在净凝结水泵出口母管上；否则，氨水加入到凝结水精处理混床出口母管上。化学药品添加点如表 5-4-1 所示。

表 5-4-1 化学药品添加点

化学药品添加点	联 氨	氨 水
凝结水精处理混床出口母管	—	3.5 MPa(g)
净凝结水泵出口母管与主凝结水泵出口母管汇合点	4.5 MPa(g)	4.5 MPa(g)
凝汽器应急补水	1.2 MPa(g)	—
除氧器进口	1.2 MPa(g)	—
启动给水泵进口	1.2 MPa(g)	—
热水加热系统 VYS	1.2 MPa(g)	—
常规岛闭式冷却水系统 TCS	—	1.2 MPa(g)

5.4.3 系统运行

CFS 在凝结水中注入 pH 调节剂（氨水），维持高压加热器出口的 pH 在 9.5 以上。凝结水精处理系统（CPS）投运时，经过精处理的凝结水，其 pH 下降（pH 6.5～7.5），此时需加氨来调节 pH，使凝结水的 pH 维持在大于 9.5。

在凝结水精处理系统投运时，加氨点设置在 pH 取样点之前，即在混床出口母管、净凝结水泵进口母管上。而在凝结水精处理系统未投运时，加氨点则设在主凝结水母管上，即净凝结水泵出口母管与主凝结水母管相连的三通管之后。

CFS 在主凝结水母管除氧器入口及凝汽器补水管线上注入联氨，控制系统中的溶解氧，使除氧器进口给水的溶解氧含量不超过 10×10^{-9}。

氨水加入流程如下：

氨水瓶→减压蒸发→氨溶液箱（除盐水，搅拌）→过滤器→氨计量泵→加药点。

联氨加入流程如下：

联氨桶→联氨抽液泵→联氨溶液箱（除盐水，搅拌）→过滤器→联氨计量泵→加药点。

随着氨水和稀联氨的消耗，当氨液箱或联氨稀释箱内液位达到一定值时，该箱将自动被切换到相邻的另一个氨液箱或联氨稀释箱。切换之后，系统自动为退运氨液箱或稀联氨箱重新配制稀溶液。

（1）联氨的自动稀释

当联氨稀释箱消耗到一定液位退出运行后，一定量的浓联氨（来自浓联氨箱）被联氨输送泵输送到联氨稀释箱中，然后加入来自除盐水储存和分配系统（DWS）的除盐水至设定液位，并自动搅拌均匀。

（2）氨的自动稀释

当氨液箱退出运行后，先加入来自 DWS 的除盐水至一定液位并自动搅拌，然后充入氨气直至达到氨液假定浓度的电导率设定值。

在大修期间，CFS 与蒸汽发生器排污系统配合，实现蒸汽发生器的湿保养。由于 SG 的湿保养所需联氨量大[$(25\sim200)\times10^{-6}$]，来自于浓联氨箱的浓联氨溶液将由浓联氨添加泵通过蒸汽发生器排污系统注入蒸汽发生器内。

5.4.4 仪表和控制

二回路取样系统（SSS）提供了凝结水、给水及蒸汽发生器系统的溶解氧含量、联氨残留量、pH。依据上述输入，即可手动或自动控制加氨或联氨泵。自动控制仅在电厂正常负荷运行时应用，其他时候则采用手动控制。

（1）加氨泵自动控制

根据凝结水的流速既可以按比例改变加氨泵的旋转频率，也可以根据凝结水泵出口凝结水的电导率来改变加氨泵的行程长度，达到自动控制 pH 的目的。

（2）加联氨泵自动控制

加联氨泵根据凝结水流速调整泵的冲程。

5.4.5 技术参数

CFS 系统的设计参数如表 5-4-2 所示。

表 5-4-2 CFS 系统参数

主要项目	参数值
氨溶液箱	
数量	2 个
容积	4 m^3
联氨溶液箱	
数量	2 个
容积	4 m^3
加氨计量泵	
数量	4 台
加联氨计量泵	
数量	8 台

5.5　二回路取样系统(SSS)

5.5.1　系统功能

二回路取样系统把二回路系统中具有代表性的流体样品送至样品分析装置。连续的在线化学监测可以探测到杂质的进入,并且及早地对系统化学性质的偏离作出诊断。

另外,常规岛化学加药系统根据二回路取样监测装置来的控制信号,自动为凝结水和给水注入氨水及联氨。

5.5.2　系统描述

二回路取样系统对凝结水,给水,主蒸汽,加热器疏水,蒸汽发生器排污,辅助蒸汽供应系统,凝结水精处理系统的流体样品进行分析,获得下述水质信息:

(1) pH;

(2) 比电导率及阳电导率;

(3) 溶解氧;

(4) 钠离子含量;

(5) 联氨含量。

计算机保存了连续取样的分析数据,并提供所测过程参数的变化趋势。测量数据还用于自动控制向凝结水及给水的化学药品添加量,以控制 pH 及溶解氧。

分析后的样品如果未受污染,就被送回凝结水系统。取样管线内残留的试剂以及取样槽内的水被排往污水系统 WWS。每条取样管线都能抽样供实验室分析。

水汽取样装置将不同参数的水、汽取样,并对样品冷却、减压,然后测量分析得到所需的水质信息。取样点如图 5-5-1 所示。

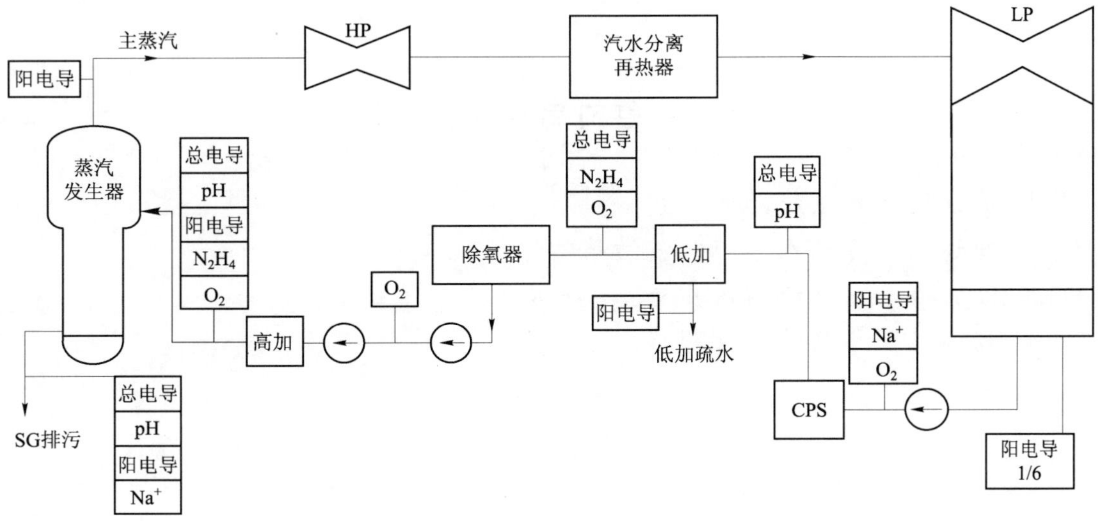

图 5-5-1　二回路化学在线监测布置简图

5.5.3 主要设备

SSS系统由样品处理架、分析仪表架、接线盒、就地取样架设备组成。样品处理架是碳钢结构，包括隔离阀，样品冷却器，减压设备，冲洗管线。样品冷却器的冷却水来自汽轮机房闭式冷却水系统TCS，可以将样品冷却至30 ℃以下，最高不超过40 ℃。对某些需维持较低温度的分析样品则需添加另外的冷却装置。分析仪表架是碳钢结构，包括分析仪表，流量计，温度控制设备，取样槽。接线盒包括接线端子板，电源供应，报警指示。

手动取样管汇集在一处，并在此处设置不锈钢手动取样槽。这个取样槽可以同时容纳在每个取样点放置一个500 mL的取样瓶。

5.5.4 仪表和控制

SSS为常规岛化学加药系统(CFS)提供了凝结水、给水及蒸汽发生器系统的溶解氧含量、联氨残留量及pH值信息，以调节化学药品添加量。

5.5.5 技术参数

SSS系统的设计参数如表5-5-1所示。

表5-5-1　SSS系统参数

主要项目	参数值
取样流量	500 mL/min
环境温度	5～40 ℃
减温后的样品温度	40 ℃
减压后的样品压力	0.2 MPa(g)
恒温后的样品温度	25 ℃

复习思考题

1. 简述循环水系统功能。
2. 简述闭式冷却水系统的波动箱的作用。
3. 闭式冷却水系统的用户有哪些?
4. 列举二回路联氨的加药点。